国家科学技术学术著作出版基金资助出版

镍基单晶涡轮叶片
热机械疲劳理论

王荣桥　胡殿印　著

科学出版社
北　京

内 容 简 介

本书系统阐述了镍基单晶涡轮叶片热机械疲劳寿命评估关键科学问题，揭示机理，发现规律，获取理论、模型，形成镍基单晶涡轮叶片热机械疲劳寿命预测方法。全书共 6 章：第 1 章为涡轮叶片相关的背景知识介绍，包括涡轮叶片结构强度设计要求、典型载荷特征及失效模式、涡轮叶片热机械疲劳寿命评估的关键科学问题；第 2～4 章为基础理论与方法介绍，包括镍基单晶高温合金热机械疲劳损伤机理、变形行为模拟、寿命预测方法；第 5 章为涡轮叶片热机械疲劳试验方法；第 6 章为镍基单晶涡轮叶片热机械疲劳寿命评估的工程应用实例。

本书着重解决航空发动机涡轮叶片热机械疲劳寿命评估与工程应用问题，旨在为高等院校的教师、研究生以及相关的工程技术人员提供一套可借鉴的寿命评估方法。

图书在版编目（CIP）数据

镍基单晶涡轮叶片热机械疲劳理论/王荣桥，胡殿印著. —北京：科学出版社，2021.1
    ISBN 978-7-03-066421-1

Ⅰ. ①镍… Ⅱ. ①王… ②胡… Ⅲ. ①涡轮喷气发动机-叶片-热机械效应-机械疲劳理论 Ⅳ. ①V231.95

中国版本图书馆 CIP 数据核字 (2020) 第 200008 号

责任编辑：裴 育 陈 婕 纪四稳 / 责任校对：王萌萌
责任印制：赵 博 / 封面设计：蓝正

科学出版社 出版
北京东黄城根北街 16 号
邮政编码：100717
http://www.sciencep.com
北京华宇信诺印刷有限公司印刷
科学出版社发行 各地新华书店经销
＊
2021 年 1 月第 一 版 开本：720×1000 1/16
2025 年 1 月第四次印刷 印张：12
字数：230 000
定价：108.00 元
（如有印装质量问题，我社负责调换）

前　言

　　航空发动机是飞机的"心脏"，是党和国家高度关切、全国人民普遍关心的战略科技产品。航空发动机行业发展水平是一个国家综合国力、工业基础和科技水平的集中体现。涡轮叶片作为将燃气内能转化为机械能的重要部件，长期工作于高温、高压、高转速的极端载荷环境下，这对涡轮叶片的高温力学性能尤其是高温疲劳性能提出了极为苛刻的要求。因此，采用新型高温、高强度材料及高效冷却结构成为先进航空发动机涡轮叶片的必然选择。涡轮叶片材料从镍基多晶高温合金、定向凝固高温合金发展到单晶高温合金，其抗蠕变、抗高温疲劳等性能得到了大幅提升。而在结构方面，涡轮叶片也从传统的实心叶片发展到具有复杂内腔、扰流柱、气膜冷却孔结构的空心气冷叶片，这使得其能够在高于材料熔点的燃气环境下长时间工作。

　　在航空发动机飞行包线内，涡轮叶片承受交变离心力载荷和温度载荷，其耦合作用导致的热机械疲劳是导致涡轮叶片失效的主要原因之一。当前，在镍基单晶涡轮叶片设计过程中，尚未准确揭示热机械疲劳失效机理，未建立反映其失效机制的寿命模型，成为制约先进军用、民用航空发动机研制发展的瓶颈。因此，针对镍基单晶涡轮叶片的热机械疲劳失效开展"精深细实"研究，对实现涡轮叶片长寿命高可靠性设计具有十分重要的意义。

　　本书在国内外涡轮叶片疲劳失效问题研究的基础上，结合作者课题组在该领域的研究成果，针对当前镍基单晶涡轮叶片热机械疲劳寿命评估的关键科学问题，如交变温度/机械载荷下损伤行为、各向异性材料黏塑性变形行为、考虑材料各向异性的寿命预测模型、真实叶片服役条件试验模拟技术等，结合不同载荷水平、相位、保载时间的多层次试验，认识机理，发现规律，获取理论、模型，最终形成可供工程借鉴的镍基单晶涡轮叶片热机械疲劳寿命预测方法。

　　全书共 6 章。第 1 章介绍涡轮叶片相关背景知识，指出涡轮叶片热机械疲劳寿命评估的关键科学问题。第 2 章介绍镍基单晶高温合金热机械疲劳载荷下的典型失效特征和微结构演化机理。第 3 章总结各向异性黏塑性本构理论的发展，重点介绍基于晶体滑移理论的本构模型，并结合 Walker 本构模型，实现国产第二代镍基单晶高温合金 DD6 的热机械疲劳行为预测。第 4 章重点介绍考虑应力集中影响的高温疲劳寿命预测方法，结合镍基单晶高温合金热机械疲劳损伤机理，建立镍基单晶高温合金气膜孔模拟件热机械疲劳寿命预测模型。第 5 章详细介绍实验室环境下涡轮叶片热机械疲劳试验技术，以及课题组自主搭建的涡轮叶片热机械疲劳试验系统。第 6 章介绍一种镍基单晶涡轮叶片的热机械疲劳寿命预测方法。

　　本书的基础研究工作得到了国家自然科学基金(51375031、51875020)、工业和信息化部民机科研项目的资助，工程应用方面得到了中国航发四川燃气涡轮研究院、中国航发湖南动力机械研究所、中国航发沈阳发动机研究所、中国航发北京航空材料研究院、中国航空工业集团有限公司北京航空制造工程研究所、中国船舶重工集团有限公司哈尔滨船舶锅炉涡轮机研究所等单位的资助和支持，在此表示衷心的感谢。课题组荆甫雷博士、蒋康河博士、张斌博士等多名学生参加了本书文字、图片、资料的收集工作，在此一并表示感谢。

　　受研究工作和作者认识的局限，书中难免存在不妥之处，恳请读者批评、指正，并提出宝贵的意见与建议。

作　者

2020 年春

目　　录

第1章　绪　　论

1.1　涡轮叶片概述

1.1.1　涡轮工作原理

燃气涡轮发动机是一种以空气为介质，将热能转换为机械能的动力装置，分为涡轮喷气发动机、涡轮风扇发动机、涡轮螺旋桨发动机和涡轮轴发动机等类型，广泛应用于航空、航海、能源等领域。以涡轮喷气发动机为例，其基本部件包括进气道、压气机、燃烧室、涡轮和尾喷管(图1.1)。

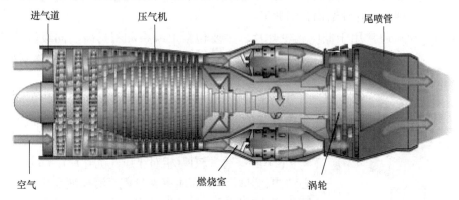

图 1.1　典型涡轮喷气发动机结构图

涡轮是燃气涡轮发动机的重要组成部分之一，其作用是将高温、高压燃气的能量持续转换为机械能并带动其他部件工作。涡轮通常由不动的静子(包括涡轮导向器及固定它的机匣)和转动的转子(包括涡轮转子叶片、涡轮盘和涡轮轴等)组成。涡轮的工作原理示意图如图 1.2 所示。从燃烧室喷出的高温、高压燃气在涡轮导向叶片中膨胀、加速，同时气体的流动方向由进口的轴线方向偏向周向方向，气流在离开导向叶片时具有较高的速度且在周向方向存在一定速度分量，当气流进入转子后，进一步膨胀并推动涡轮转子高速旋转，从而输出机械功。

涡轮叶片包括涡轮导向器叶片和涡轮转子叶片两类。本书在没有特别说明的情况下，涡轮叶片均指涡轮转子叶片。

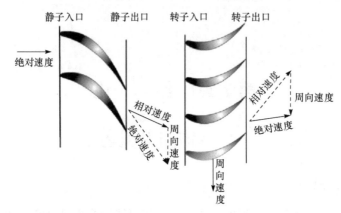

图 1.2 涡轮的工作原理示意图

1.1.2 涡轮叶片结构

如图 1.3 所示，涡轮叶片主要由叶身、缘板和叶根组成，部分涡轮叶片带有叶冠[1]。典型涡轮叶片结构介绍如下：

(1) 叶冠通常用于低压涡轮叶片，主要包括上缘板和密封齿。同级涡轮叶片叶冠上缘板相互抵紧，可以增强叶片的整体刚度，提高叶片的抗振强度；还可以提供一定的阻尼，具有明显的减振效果；此外，叶冠的存在减少了叶尖由叶盆向叶背的漏气，降低了叶片的二次损失，有利于提高涡轮效率。

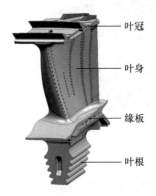

图 1.3 典型涡轮叶片结构

(2) 叶身通常较厚(相对于压气机叶片)，部分为空心结构，其叶型剖面曲率大且截面沿高度变化大，不同高度的叶型通过气动设计来选取。叶身具有调整气流方向的功能，保证燃气基本沿轴线方向喷入下一级涡轮导向器叶片或尾喷管；同时，周向相邻叶片的叶身之间构成气流通道(形式上多为等内径或等中径)，供高温、高压燃气流过并膨胀做功。

(3) 缘板通常采用方形结构，上下分别通过过渡段与叶身和叶根相连。同一级涡轮叶片的缘板形成一个封闭的环状结构，保证高温燃气在叶身中部气流通道中流动，防止其流入涡轮盘、轴承等耐温性较差的部件。

(4) 叶根通常包括伸根与榫头。伸根位于缘板与榫头之间，可以有效降低叶片对涡轮盘缘的传热，并能提供安装阻尼材料的空间；榫头通常为枞树形，用于连接涡轮叶片和涡轮盘，具有承载能力强、安全裕度大、利于散热和减振的优点。

除上述基本结构，为了有效冷却涡轮叶片，涡轮叶片内部通常具有冷却结构。

涡轮前温度的不断提高，对涡轮叶片的冷却效果要求越来越高。相应地，涡轮叶片冷却结构的设计复杂程度也逐级提高。目前涡轮叶片冷却结构已由冲击冷却、气膜冷却逐渐发展到冲击气膜复合冷却、铸冷叶片等复杂冷却形式(图 1.4)。

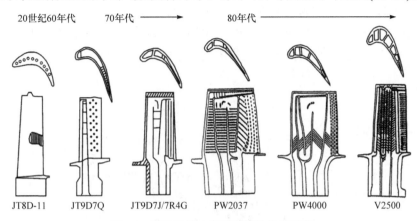

图 1.4 涡轮叶片内部冷却结构发展趋势

1.1.3 涡轮叶片材料

涡轮叶片材料通常选用以镍、钴或铁为基，能在 600℃以上高温抗氧化或抗腐蚀，并能在一定应力下长期工作的高温合金材料[2]。其中，镍基高温合金是发展最快、应用最广的涡轮叶片材料。国内常用的镍基高温合金包括：

(1) 变形高温合金，一般采用锻造方法加工，其牌号采用字母"GH"加数字/字母表示，常用的牌号有 GH4033、GH4049、GH4133、GH4220、GH80A 等。以 GH4033 为例，其在 700～750℃具有足够的高温强度，在 900℃以下具有良好的抗氧化性，并具有良好的热加工性能。

(2) 传统铸造高温合金，为等轴晶高温合金，其牌号采用字母"K"加数字表示，常用的有 K417、K403、K405、K418、K423 等。以 K403 为例，其具有较高的高温强度和良好的铸造性能，适用于 900℃以下工作的涡轮叶片。

(3) 定向凝固高温合金，牌号采用字母"DZ"加数字/字母表示，常用的牌号有 DZ4、DZ22、DZ22B、DZ125 等。以 DZ125 为例，其具有良好的中、高温综合性能及优异的抗疲劳性能，适用于 1050℃以下工作的涡轮叶片。

(4) 镍基单晶高温合金，牌号采用字母"DD"加数字/字母表示，常用的牌号有 DD3、DD4、DD6 等。以 DD6 为例，其具有高温强度高、综合性能好、组织稳定及铸造工艺性能好等优点，适用于 1100℃以下工作的涡轮叶片。

相对于变形高温合金、传统铸造高温合金(等轴晶高温合金)、定向凝固高温合金，镍基单晶高温合金耐温能力显著提升(图 1.5)，广泛应用于先进燃气涡轮发动机[3-6]。此外，为了进一步提升涡轮叶片的高温综合性能，国内外研究人员从 20

世纪 70 年代开始对定向凝固高温合金、镍基单晶高温合金的替代材料如陶瓷基复合材料等开展了大量研究。美国国家航空航天局(NASA)格伦研究中心[7]从六个维度对陶瓷基复合材料、金属间化合物基高温合金以及镍基单晶高温合金进行了比较,结论是:虽然陶瓷基复合材料和金属间化合物基高温合金在耐高温、抗氧化等方面具有十分优越的性能,但当前条件下其韧性、可加工性等方面具有明显的不足(图 1.6)。因此,镍基单晶高温合金仍是当前先进燃气涡轮发动机涡轮叶片的首选材料。

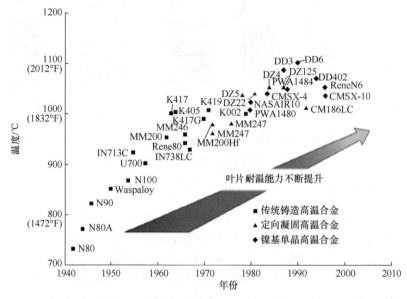

图 1.5　镍基单晶高温合金相对于传统铸造高温合金、定向凝固高温合金耐温能力的提升[8]

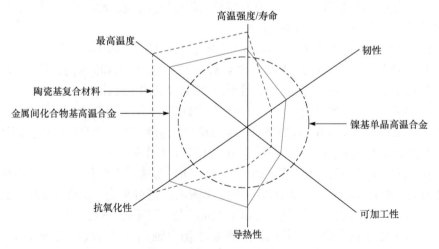

图 1.6　陶瓷基复合材料、金属间化合物基高温合金和镍基单晶高温合金
在六个维度上的性能比较[7]

1.2　涡轮叶片结构强度设计要求

在涡轮叶片结构强度设计过程中，主要考虑以下几个方面：

1) 材料方面

涡轮叶片在材料选择方面应侧重高温强度，当前发动机涡轮叶片多采用定向凝固或单晶高温合金，设计中应注意上述材料的各向异性特性，规避或防范所选材料可能存在的弱项(如中温蠕变、中温疲劳、薄壁效应或再结晶等)。所选用材料的性能数据应完整、可靠。屈服强度、极限强度等基本性能数据应优先采用 S 基值(或 A 基值与 B 基值)，如果不具备，可选用型号标准或企业标准规定的最低值；除断裂韧性和裂纹扩展速率外，其他性能数据(如持久强度、高/低循环疲劳强度等)应采用置信度为 50% 的 -3σ 值或置信度为 95% 的 -2σ 值，如有必要，还可采用置信度为 95% 的 -3σ 值。

2) 结构方面

涡轮叶片承受机械载荷和温度载荷的能力是有限度的，发动机涡轮气动与结构方案论证时应充分考虑涡轮叶片的承载能力，谨慎选取 AN^2 值(A 为流道面积，N 为转速)，合理选取叶根与叶尖的面积比。同时，在涡轮叶片内部冷却结构设计时，内腔几何形状的变化不宜过于剧烈，尽量圆滑过渡，减小应力集中。此外，涡轮叶片榫头应与涡轮盘榫槽协同设计，并按照叶身、伸根、榫头和榫槽的次序，逐渐提高结构承载能力，务必保证叶片缘板以下部位不会首先发生断裂。涡轮叶片结构设计中必须采用表面防护措施，如抗氧化渗层、热障涂层等。

3) 制造工艺方面

鉴于涡轮叶片的强度和寿命对壁厚、气膜孔质量等十分敏感，这类部位的技术指标在设计时应提出明确要求，在制造过程中应严格控制精度。表面强化可有效提高叶片疲劳强度等性能，但强化作用在高温下将发生退化，这在结构强度设计中应予以充分考虑。此外，在结构设计、制造过程中，应考虑涂层对叶片疲劳强度的影响，并采取措施防止涂层开裂或剥落。

4) 载荷环境方面

涡轮叶片主要承受离心载荷、气动载荷、温度载荷和振动载荷。在不同载荷中，涡轮叶片对温度载荷十分敏感，结构强度设计中应特别注意叶片的工作温度，充分考虑高空高马赫数、最大热负荷、热天起飞、非标准大气与性能恶化时的涡轮前最高温度载荷、燃烧室出口温度周向与径向不均匀等情况的影响，留有足够的温度裕度。此外，涡轮叶片全寿命中的 1/2～2/3 寿命应针对允许的发动机最大限度性能恶化水平进行设计。

5) 安全与可靠性方面

涡轮叶片叶身或叶根等发生断裂可能引起非包容、失火和单发飞机失去动力等严重后果。在结构强度设计时，应结合不同部位典型失效模式确定其安全寿命，保证涡轮叶片断裂的故障在载客运输机(简称运输机，含民用运输机和军用运输机)用发动机中小于 10^{-8} 次/发动机飞行小时，在其他发动机中应小于 10^{-6} 次/发动机飞行小时。在不发生危害性后果的情况下，军用发动机的每级涡轮叶片的 B_{10} 寿命应高于发动机(热件)寿命，即机群中 90%的发动机在发动机(热件)寿命期内的每级叶片故障小于 1 次，或者叶片的失效概率小于 10 次/机群发动机(热件)全寿命期内总飞行小时；载客运输机用发动机的每级涡轮叶片的 B_5 寿命应高于发动机(热件)寿命。

涡轮叶片结构强度设计准则如下[9,10]：

1) 在满足变形限制要求的前提下具有足够的静强度储备

涡轮叶片超出变形限制要求将导致叶冠或叶尖与机匣发生碰磨，严重时可造成叶片损坏。此外，涡轮叶片静强度储备不足会导致叶片失效。因此，涡轮叶片在发动机全工作包线(含稳态和瞬态)内都需要保证满足变形限制要求和足够的静强度储备要求，这是涡轮叶片结构强度设计中最基本的要求。涡轮叶片变形包括弹性变形(含热变形)、塑性变形与蠕变变形三类。其中，蠕变变形是最需要被限制的。涡轮叶片各典型部位的静强度储备主要包括屈服强度储备、蠕变强度储备和持久强度储备三个方面。由于涡轮叶片工作温度高，在静载荷作用下的损伤与时间密切相关，故涡轮叶片(尤其是叶身)主要采用持久强度储备作为评定指标。

2) 防止共振、避免颤振

在气动载荷等因素作用下，涡轮叶片容易产生小幅值、高频率振动，其振动类型较复杂，振动应力难以预估，因此，在叶片设计时，需要评估叶片振动频率、模态和应力分布等因素，避开由重要激励因素引起的振动，尽可能减少叶片振动带来的危害。此外，涡轮叶片(尤其是大涵道比涡扇发动机低压涡轮叶片)工作过程中可能发生颤振，颤振一旦形成并发展，往往会引起叶片断裂，甚至造成严重的飞行事故。因此，设计过程中必须留有足够的安全裕度，尽可能保证在发动机叶片全工况范围内不发生颤振。

3) 具有足够的疲劳强度储备

在发动机工作循环中，涡轮叶片常受到交变载荷的作用，从而产生裂纹并且最终断裂，这称为疲劳破坏；此外，蠕变和疲劳交互作用引起的蠕变-疲劳、低循环疲劳和高循环疲劳交互作用引起的高低循环复合疲劳、变化的温度载荷与机械载荷共同作用引起的热机械疲劳(thermomechanial fatigue，TMF)等对涡轮叶片寿命也有显著影响。因此，在涡轮叶片结构强度设计中，应充分考虑叶片各部位的载荷特征，保证叶片具有足够的疲劳强度储备。

4) 具有足够的蠕变/应力断裂寿命

涡轮叶片的工作温度通常接近材料极限工作温度，在离心载荷作用下不可避免地会产生蠕变，所以有必要对涡轮叶片进行蠕变寿命和应力断裂寿命评定。蠕变/应力断裂寿命是确定和限制涡轮叶片使用寿命的重要指标之一，在给定的工作温度和工作应力条件下，前者定义为叶片蠕变达到规定值所对应的工作时间，而后者定义为叶片保持正常工作而不发生应力断裂的临界时间。

5) 具有一定的抗氧化、腐蚀和外物损伤能力

高温燃气环境下工作的涡轮叶片容易因氧化、腐蚀而导致寿命显著降低。因此，需采用防护涂层，提高涡轮叶片的抗氧化、腐蚀能力。涂层应具有足够的强度和使用寿命。此外，涡轮叶片使用过程中难免受到气流中砂石颗粒、前方构件损伤后脱落的细小碎屑或较大硬物的撞击，由此产生的损伤称为外物损伤。外物损伤可能导致涡轮叶片出现热障涂层局部损坏、局部凹坑变形、壁面裂纹穿孔、气膜孔堵塞等，进而引起局部应力集中、过热烧蚀等严重后果。因此，涡轮叶片(包括涂层)应具有足够的抗外物损伤能力，尽量减轻外物损伤带来的后果。

1.3 涡轮叶片典型载荷特征及失效模式

1.3.1 涡轮叶片典型载荷特征

涡轮叶片长期工作在高温、高压、高转速的极端载荷/环境下，承受非均匀高温温度载荷以及多种形式的机械载荷。

高温温度载荷的影响主要体现在三个方面：①材料的力学性能通常会随着温度的升高而降低，从而造成材料自身承载能力的降低；②由于涡轮叶片温度分布不均匀，叶片自身各部分受热膨胀不一致，存在相互约束，从而产生热应力；③在发动机启动、停车以及不规则机动过程中，变化的温度载荷会导致涡轮叶片发生热疲劳而失效。

机械载荷主要包括以下三类：高速转动下叶片自身质量产生的离心载荷、高速燃气作用在叶片上的气动载荷、激振力作用下叶片自身振动产生的振动载荷[1]。离心载荷主要在涡轮叶片中形成拉伸应力，发动机服役过程中转速变化引起离心载荷随之变化，进而导致涡轮叶片的疲劳失效[11]；由于涡轮叶片存在扭转角，离心载荷将在涡轮叶片上产生额外的扭转应力；此外，因叶片积叠线不与径向线重合，涡轮叶片横截面在离心载荷作用下还将存在弯曲应力。气动载荷主要以表面压力的形式作用在叶片表面上，由于叶片不同部位气动载荷的不均匀性，涡轮叶片还将承受弯曲力矩以及扭转力矩。在振动载荷作用下，涡轮叶片具有复杂应力状态的振动应力(如交变的弯曲/扭转应力等)，振动应力与离心应力的耦合作用将加速叶片失效[11]。

在高温温度载荷与机械载荷的共同作用下,涡轮叶片(特别是气膜冷却孔等典型结构特征部位)载荷状态极其复杂,其温度场和应力场在变化的同时,呈现出强时变、大梯度的特点,且存在明显的温度梯度和应力梯度耦合作用。

1.3.2　涡轮叶片主要失效模式

在 1.3.1 节中典型载荷作用下,涡轮叶片的主要失效模式有高循环疲劳、低循环疲劳、蠕变、蠕变-疲劳、高低循环复合疲劳、热机械疲劳等[1,12-16]。

高循环疲劳[17,18]是指材料在低于其屈服强度的循环载荷作用下发生的疲劳过程,其循环次数一般在 $10^4 \sim 10^5$。涡轮叶片在气动载荷作用下会产生高频、低应力振动,从而造成涡轮叶片发生高循环疲劳失效。高循环疲劳常发生在叶身部位,其特点是作用于材料的载荷水平较低,通常不产生塑性变形。高循环疲劳断口包括疲劳源区、疲劳裂纹扩展区和瞬时断裂区,疲劳源区和疲劳裂纹扩展区在整个断口所占比例较大(可达 70%),疲劳裂纹扩展区具有明显的疲劳条带(图 1.7)。

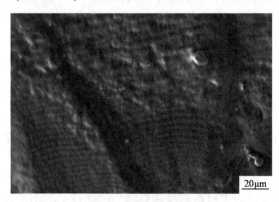

20μm

图 1.7　镍基单晶高温合金高循环疲劳条带

低循环疲劳[19,20]是指材料在高于其屈服强度的循环载荷作用下发生的疲劳过程,其循环次数一般在 10^5 以下。在发动机启动—工作—停车的循环过程中,变化的离心载荷会引起涡轮叶片的低循环疲劳失效。对于涡轮叶片,低循环疲劳是其常见失效模式之一。低循环疲劳失效多出现于叶身下部、缘板、叶根等应力集中的区域。与高循环疲劳相同,低循环疲劳也有疲劳源区、疲劳裂纹扩展区和瞬时断裂区,但是其瞬时断裂区所占比例通常大于另外两个区域,疲劳裂纹扩展区具有明显的疲劳条带(图 1.8)。

蠕变[21,22]是指材料在恒定应力持续作用下发生缓慢永久性变形的失效现象。涡轮叶片长期工作于高温条件下,在离心载荷作用下不可避免地存在蠕变。蠕变在温度较高的叶身部位尤为严重。蠕变一旦产生,轻则导致发动机效率降低,严重时可能造成叶片与机匣的摩擦,甚至是叶片的断裂。蠕变断裂的断口附近通常

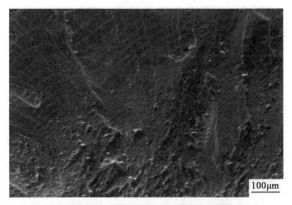

图 1.8 镍基单晶高温合金低循环疲劳条带

有明显的变形,变形区域附近有很多裂纹,断口表面往往被一层氧化膜覆盖。镍基单晶高温合金蠕变断口具有典型的带中心孔(图 1.9 中箭头所指)的方形解理面。

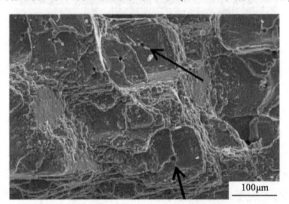

图 1.9 镍基单晶高温合金带中心孔洞的方形解理面

　　蠕变-疲劳[23,24]是指由蠕变和疲劳交互作用引起的失效行为,通常材料的蠕变-疲劳寿命低于纯疲劳或纯蠕变的情况。蠕变-疲劳常发生在叶身中部截面、叶身根部偏上截面。根据蠕变损伤和疲劳损伤所占的比例不同,蠕变-疲劳断口表现出不同的特征:当蠕变损伤占主导时,蠕变-疲劳断口特征与纯蠕变断口特征类似;当疲劳损伤占主导时,蠕变-疲劳断口特征与纯疲劳断口特征类似;当蠕变损伤和疲劳损伤均为主导时,断口兼具纯蠕变断口和纯疲劳断口的特征。对于镍基单晶高温合金,蠕变-疲劳断口表面往往同时存在疲劳条带以及带中心孔洞的方形解理面(图 1.10)。

　　高低循环复合疲劳[25-27]是指由低循环疲劳和高循环疲劳交互作用引起的疲劳行为。涡轮叶片同时承受叶片离心力、温度载荷等导致的低循环疲劳载荷,以及由气动载荷诱发叶片横向振动及自身振动产生的小幅值、高频率的高循环疲劳载荷,从而发生高低循环复合疲劳失效。高低循环复合疲劳常发生在涡轮叶片榫头

(a) 疲劳条带

(b) 带中心孔洞的方形解理面

图 1.10　镍基单晶高温合金蠕变-疲劳典型断口

和伸根部位，其断口包含疲劳源区、疲劳裂纹扩展区和瞬时断裂区，在疲劳裂纹扩展区存在清晰的间距不同的宽疲劳条带和窄疲劳条带(图 1.11)[24]，两者分别由低循环疲劳载荷和高循环疲劳载荷引起。

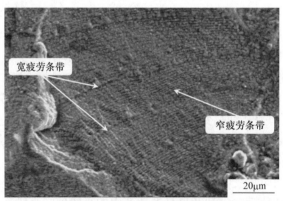

图 1.11　镍基单晶高温合金高低循环复合疲劳条带

热机械疲劳[28-32]是指由交变的温度载荷和机械载荷共同作用引起的疲劳现象。与传统等温低循环疲劳、蠕变以及蠕变-疲劳等相比，热机械疲劳失效是由复杂交变的温度-力-化学多场耦合载荷/环境下疲劳、蠕变、氧化耦合作用导致的，造成的损害也更加严重。涡轮叶片服役时需承受发动机启动、停车以及不规则机动带来的瞬态离心载荷和温度载荷，热机械疲劳成为其主要失效模式之一。在热机械疲劳中，根据温度载荷和机械载荷的相位差不同，主导损伤机制也不同。对于同相热机械疲劳(温度载荷和机械载荷的相位差为 0°，主要发生在涡轮叶片叶身内表面，记为 IP IMF)，蠕变损伤和疲劳损伤是其主要失效机制；对于反相热机械疲劳(温度载荷和机械载荷的相位差为 180°，主要发生在涡轮叶片叶身外表面记为 OP TMF)，疲劳损伤和氧化损伤是其主要失效机制[32]。涡轮叶片热机械疲劳失效的典型断口如图 1.12 所示。

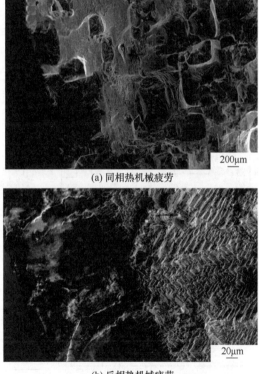

(a) 同相热机械疲劳

(b) 反相热机械疲劳

图 1.12　镍基单晶高温合金热机械疲劳典型断口

1.4　涡轮叶片定寿方法和技术途径

涡轮叶片具有结构和载荷双重复杂性，其安全、可靠性对燃气涡轮发动机的稳定工作有着十分重要的影响。例如，20 世纪 90 年代初，WP7 甲、乙系列发动机在其他部件情况良好的情况下，因涡轮叶片无法继续使用导致发动机停止使用并维修[14]；2016～2017 年，波音 787 飞机多次因遄达 1000 发动机中压涡轮叶片断裂而停飞[33]。研究涡轮叶片定寿方法和技术途径有利于科学地使用、维修叶片，在保证安全性的前提下提高叶片的利用率具有重要的经济价值。

涡轮叶片技术寿命是指叶片在规定条件下的预计使用时间。当涡轮叶片损伤累积达到规定范围的极限或涡轮叶片指标(伸长/缩短量、修理允许量、叶冠变形量)超出设计允许范围时，涡轮叶片达到技术寿命。需要指出的是，一些特殊情况会导致涡轮叶片提前失效，这种情况并不是叶片规律性的寿命耗竭，不能与涡轮叶片技术寿命等同。

涡轮叶片技术寿命与设计、制造、使用、修理等因素密切相关，其确定的工作流程如图 1.13 所示[14]，具体技术途径包括：

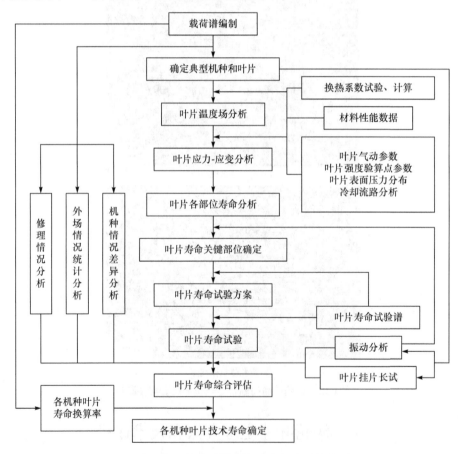

图 1.13 国内涡轮叶片技术寿命确定的工作流程[14]

(1) 结合发动机外场实际飞行载荷谱，明确涡轮叶片服役过程中的工作载荷。

(2) 采用传统热分析、多场耦合分析等方法获取涡轮叶片温度分布；采用准确的本构模型对涡轮叶片进行应力-应变分析。

(3) 针对涡轮叶片典型失效模式(高循环疲劳、低循环疲劳、蠕变、蠕变-疲劳、高低循环复合疲劳、热机械疲劳等)，结合材料的寿命模型以及结构疲劳寿命的分析方法确定涡轮叶片寿命关键部位在典型失效模式下的寿命。

(4) 针对涡轮叶片寿命关键部位进行构件的寿命试验。

(5) 广泛调查发动机外场情况、维修情况等，对涡轮叶片的使用和修理情况进行系统分析，采用统计学方法获取涡轮叶片寿命。

(6) 分阶段进行涡轮叶片挂片长试，并结合计算、试验结果，最终确定涡轮叶片技术寿命。

1.5 涡轮叶片热机械疲劳寿命评估的关键科学问题

热机械疲劳是燃气涡轮发动机核心部件涡轮叶片的主要失效模式之一[28-32]，研究涡轮叶片热机械疲劳寿命评估方法具有十分重要的意义。从 1.4 节可以看出，包含应力-应变、寿命分析的数值模拟，以及从材料到构件再到整机的疲劳寿命试验是涡轮叶片疲劳寿命评估的关键组成部分。因此，应针对以下关键科学问题开展系统、深入的研究：

(1) 本构模型。本构模型是进行涡轮叶片应力-应变分析的基础，目前的本构模型大多针对单轴拉压、循环、蠕变等简单载荷，对于温度载荷、机械载荷同时变化的热机械疲劳行为的模拟仍存在不足。迫切需要建立能够准确描述涡轮叶片热机械疲劳行为的本构模型，结合材料试验数据，完成不同温度下材料常数的获取，并实现本构模型在有限元软件中的集成，以支持涡轮叶片的热机械疲劳应力-应变分析。

(2) 寿命模型。热机械疲劳损伤包括疲劳损伤、蠕变损伤、氧化损伤，并且不同损伤之间存在耦合，这种损伤与常见的高循环疲劳、低循环疲劳、蠕变等存在显著差异，增加了热机械疲劳寿命预测的难度。此外，涡轮叶片气膜冷却孔等典型特征部位存在复杂的流动、换热边界条件以及薄壁、打孔等结构特点，导致其温度场和应力场在交变的同时，呈现出强时变、大梯度的特点，且存在明显的温度梯度和应力梯度耦合作用。因此，有必要研究强时变-大应力/温度梯度下热机械疲劳损伤机理，有针对性地发展涡轮叶片寿命预测的新方法，从而有效提升涡轮叶片寿命预测精度，为先进发动机研制提供技术支撑。

(3) 涡轮叶片热机械疲劳试验。涡轮叶片具有结构和载荷双重复杂性，这是实验室条件下标准试件、特征模拟件试验所难以模拟的。此外，发动机整机试车虽然可以对涡轮叶片的热机械疲劳寿命进行验证，但其存在叶片裂纹不易检测、成本过高以及子样数目少等缺点[34]，也不宜直接用于涡轮叶片设计中的定寿研究、叶片故障的分析和预防等。而在实验室条件下，以真实涡轮叶片为研究对象进行热机械疲劳试验可以有效解决上述问题[34-36]。因此，有必要建立涡轮叶片热机械疲劳试验系统，在此基础上开展涡轮叶片热机械疲劳试验，以验证涡轮叶片寿命评估的准确性。

本书介绍作者及所在课题组针对涡轮叶片热机械疲劳寿命评估的关键问题所开展的研究工作，各章具体内容如下：

第1章介绍涡轮叶片相关的背景知识，内容包括涡轮工作原理、涡轮叶片结构与材料、涡轮叶片结构强度设计要求、涡轮叶片典型载荷特征及失效模式、涡轮叶片定寿方法和技术途径，以及涡轮叶片热机械疲劳寿命评估的关键科学问题。

第2章介绍镍基单晶高温合金热机械疲劳载荷下的典型失效特征和微结构演化机理，为第3、4章提供损伤机理、试验数据支撑。

第3章总结各向异性黏塑性本构理论的发展，重点介绍基于晶体滑移理论的本构模型，并结合Walker本构模型，实现国产第二代镍基单晶高温合金DD6的热机械疲劳行为预测，支撑第4、5章镍基单晶高温合金气膜孔模拟件以及单晶涡轮叶片的应力-应变分析。

第4章介绍考虑应力集中影响的高温疲劳寿命分析方法，结合镍基单晶高温合金热机械疲劳损伤机理，介绍镍基单晶高温合金气膜孔模拟件热机械疲劳寿命预测模型，为第6章涡轮叶片的热机械疲劳寿命评估奠定基础。

第5章详细介绍实验室环境下涡轮叶片热机械疲劳试验技术，以及自主搭建的涡轮叶片热机械疲劳试验系统，为第6章验证涡轮叶片寿命评估准确性提供试验支持。

第6章针对航空发动机真实涡轮叶片，介绍一种镍基单晶涡轮叶片的热机械疲劳寿命预测新方法，是对全书模型与方法的实践和运用。

参 考 文 献

[1] 闫晓军, 聂景旭. 涡轮叶片疲劳. 北京: 科学出版社, 2014.

[2] 李爱兰, 曾燮榕, 曹腊梅, 等. 航空发动机高温材料的研究现状. 材料导报, 2003, 17(2): 26-28.

[3] Caron P, Khan T. Evolution of Ni-based superalloys for single crystal gas turbine blade applications. Aerospace Science and Technology, 1999, 3(8): 513-523.

[4] Wahl J, Harris K. New single crystal superalloys—Overview and update. MATEC Web of Conferences, 2014: 17002.

[5] Mottura A, Reed R C. What is the role of rhenium in single crystal superalloys. MATEC Web of

Conferences, 2014: 01001.

[6] 何玉怀, 苏彬. 中国航空发动机涡轮叶片用材料力学性能状况分析. 航空发动机, 2005, 31(2): 51-54.

[7] Mackay R A, Gabb T P, Smialek J L, et al. Alloy design challenge: Development of low density superalloys for turbine blade applications. Washington: NASA Center for Aerospace Information (CASI), 2009.

[8] 董志国, 王鸣, 李晓欣, 等. 航空发动机涡轮叶片材料的应用与发展. 钢铁研究学报, 2011, 23: 460-462.

[9] 李其汉, 王延荣. 航空发动机结构强度设计问题. 上海: 上海交通大学出版社, 2014.

[10] 孔瑞莲. 航空发动机可靠性工程. 北京: 航空工业出版社, 1996.

[11] 宋兆泓. 航空燃气涡轮发动机强度设计. 北京: 北京航空学院出版社, 1988.

[12] 《航空发动机设计手册》总编委会. 航空发动机设计手册. 第 18 册. 叶片轮盘及主轴强度分析. 北京: 航空工业出版社, 2001.

[13] 《航空发动机设计手册》总编委会. 航空发动机设计手册. 第 19 册. 转子动力学及整机振动. 北京: 航空工业出版社, 2001.

[14] 苏清友, 孔瑞莲, 陈筱雄, 等. 航空涡喷、涡扇发动机主要零部件定寿指南. 北京: 航空工业出版社, 2004.

[15] 陶春虎, 钟培道, 王仁智, 等. 航空发动机转动部件的失效与预防. 北京: 国防工业出版社, 2000.

[16] Bartsch T M. High Cycle Fatigue (HCF) Science and Technology Program 2002. https://www.researchgate.net/publication/235044671_High_Cycle_Fatigue_HCF_Science_and_Technology_Program_2002_Annual_Report[2003-10-20].

[17] Cowles B A. High cycle fatigue in aircraft gas turbines-an industry perspective. International Journal of Fracture, 1996, 80(2-3):147-163.

[18] Barella S, Boniardi M, Cincera S, et al. Failure analysis of a third stage gas turbine blade. Engineering Failure Analysis, 2011, 18(1): 386-393.

[19] Hou J, Wicks B J, Antoniou R A. An investigation of fatigue failures of turbine blades in a gas turbine engine by mechanical analysis. Engineering Failure Analysis, 2002, 9(2): 201-211.

[20] 姜涛, 薛润东, 刘高远, 等. 某发动机二级涡轮叶片断裂失效分析. 材料工程, 2003, (s1): 162-165.

[21] Ejaz N, Qureshi I N, Rizvi S A. Creep failure of low pressure turbine blade of an aircraft engine. Engineering Failure Analysis, 2011, 18(6):1407-1414.

[22] Vardar N, Ekerim A. Failure analysis of gas turbine blades in a thermal power plant. Engineering Failure Analysis, 2007, 14(4): 743-749.

[23] 孙瑞杰, 闫晓军. 涡轮叶片榫齿部位疲劳/蠕变试验的新特点. 航空动力学报, 2007, 22(3): 419-424.

[24] Salam I, Tauqir A, Khan A Q. Creep-fatigue failure of an aero engine turbine blades. Engineering Failure Analysis, 2002, 9(3): 335-347.

[25] 王红, 左华付, 何训, 等. 某航空发动机第三级涡轮叶片失效分析. 失效分析与预防, 2007, 2(1): 24-28.

[26] 张栋, 傅国如, 徐志刚. 某发动机 II 级涡轮叶片排气边裂纹分析. 理化检验(物理分册), 2004, 40(2): 87-90.

[27] 刘华伟. 涡轮盘榫槽高低周复合疲劳裂纹扩展机理及寿命分析方法. 北京: 北京航空航天大学, 2016.

[28] Amaro R L, Antolovich S D, Neu R W, et al. On thermo-mechanical fatigue in single crystal Ni-base superalloys. Procedia Engineering, 2010, 2(1): 815-824.

[29] Amaro R L, Antolovich S D, Neu R W, et al. Thermomechanical fatigue and bithermal-thermomechanical fatigue of a nickel-base single crystal superalloy. International Journal of Fatigue, 2012, 42: 165-171.

[30] Amaro R L, Antolovich S D, Neu R W. Mechanism-based life model for out-of-phase thermomechanical fatigue in single crystal Ni-base superalloys. Fatigue & Fracture of Engineering Materials & Structures, 2012, 35(7):658-671.

[31] 荆甫雷. 单晶涡轮叶片热机械疲劳寿命评估方法研究. 北京: 北京航空航天大学, 2014.

[32] 蒋康河. 镍基单晶高温合金热机械疲劳损伤机理及寿命预测. 北京: 北京航空航天大学, 2017.

[33] 陈光. 遄达 1000 几起严重故障带来的启示. 航空动力, 2018, 1: 27-31.

[34] Yan X J, Nie J X. Creep-fatigue on full scale directionally solidified turbine blades. Journal of Engineering for Gas Turbines and Power, 2008, 130: 044501.

[35] Bychkov N G, Lukash V P, Nozhnitsky Y A, et al. Investigations of thermomechanical fatigue for optimization of design and production process solutions for gas-turbine engine parts. International Journal of Fatigue, 2008, 30: 305-312.

[36] 王洪斌. 涡轮叶片热/机械复合疲劳试验方法研究. 航空发动机, 2007, 33(2): 7-11.

第2章 镍基单晶高温合金热机械疲劳损伤机理

镍基单晶高温合金热机械疲劳失效通常表现为复杂交变的温度-力-化学多场耦合载荷/环境下的疲劳、蠕变、氧化耦合失效，其损伤机制不仅与载荷水平有关，而且与合金晶体取向、载荷相位等条件密切相关。揭示镍基单晶高温合金热机械疲劳损伤机理是建立其本构模型及寿命模型的基础。本章总结镍基单晶高温合金热机械疲劳损伤及其影响因素，并在试验基础上，借助扫描电子显微镜(scanning electron microscopy, SEM)等观测手段，从宏/微观层面对镍基单晶高温合金 DD6 在不同试验条件下的断口以及横向、纵向切片进行观察和分析，揭示其热机械疲劳损伤机理，为第 3、4 章镍基单晶高温合金本构模型、寿命模型的建立提供依据。

2.1 热机械疲劳损伤及其影响因素

镍基单晶高温合金热机械疲劳失效是由蠕变损伤、疲劳损伤和氧化损伤的交互作用引起的，不同损伤在特定载荷条件下的相对贡献决定了材料的寿命[1, 2]。本节对镍基单晶高温合金的热机械疲劳损伤及其影响因素进行详细介绍。

2.1.1 蠕变损伤

镍基单晶高温合金不含晶界，因此不存在高温下晶界弱化、沿晶裂纹萌生等问题，其蠕变损伤与 γ/γ′两相内部和界面间的位错运动、γ′相在温度和载荷作用下的筏化以及孔洞的生长密切相关。

晶体的蠕变损伤与晶体内部的位错运动有关。随着温度的升高和应力的增大，热激活作用加强，晶体内部大量的位错开始形成，晶体畸变加速。位错从位错源处产生，并在能量的驱动下沿着滑移面运动，在基体通道中的位错沿滑移面运动到 γ/γ′两相界面时，会受 γ′沉淀相的阻碍，由于 γ 基体相和 γ′沉淀相具有共格结构，位错可以通过多种可能的机制越过 γ′相，这些机制包括攀移机制、γ′相切割机制和 Orowan 绕过机制(图 2.1)[3]。攀移是指位错线沿 γ/γ′两相界面运动到原有的滑移平面之外，使得位错可以在与原滑移平面平行的新的滑移平面上继续沿原滑移方向运动。位错的攀移可能存在两种形式，一种形式是单根基体位错以一条长直位错段的形式沿相界面攀移[4]，另一种形式是存在于多个通道内的位错环沿相界面攀移直至消失于沉淀相颗粒的角点[5]。由于位错线的整体攀移需要很高的能量，γ/γ'两相界面上的位错攀移往往认为是通过第二种方式实现的[6,7]。位错的切割仅限于与基体共格的障碍物，而位错的攀移和绕过可以通过任何一种障碍物，对于L1₂型共格硬化相，由于晶格原子分布的规律，只有{111}⟨112⟩类型的滑移系可以产生切割过程[8]。在镍基单晶高温合金中，切割过程会在γ/γ'两相交界处形成反相畴界(APB)，微观观察中可以以其作为发生长程切割的判断依据。位错的Orowan绕过方式是指位错不脱离原有的滑移平面并沿着γ'相与γ相的界面在基体通道内延伸，在γ'相颗粒周围留下包围γ'相的完整位错环，位错本身继续沿原方向运动。激活这三种位错运动机制需要的能量水平不同，不同的微观结构、不同的载荷条件下的位错运动机制也各不相同，这使得材料的蠕变性能也不同。在外加应力水平很高使得位错具有较高能量的情况下，位错可以以切割的方式通过γ'相颗粒，切割开动的阈值受γ'相的尺寸、排列方式等多种因素的影响；攀移和绕过都发生在基体通道中，相对而言，攀移过程需要的条件更容易满足[9]。不同研究者对不同合金中的位错观察结果有所不同。Betz[10]指出，在高温蠕变过程中，当γ'相尺寸较小时，位错以攀移方式越过γ'相；当γ'相尺寸较大时，位错以切割方式通过γ'相；当γ'相尺寸很大时，位错以Orowan绕过方式通过γ'相。Khan等[11]在镍基单晶高温合金CMSX-2中观察到在760℃/750MPa的蠕变条件下，蠕变第一阶段有$a/2\langle112\rangle$位错对出现(其中a指晶格常数)，第二阶段在γ基体和γ'沉淀相中都有$a/2\langle110\rangle$位错对出现。Zhang等[12,13]指出，两种不同的镍基单晶高温合金TMS-75(+Ru)和TMS-138在1100℃/137MPa条件下蠕变初期具有不同的位错运动机制，TMS-75(+Ru)以攀移机制为主，而TMS-138合金中的位错主要通过交滑移的形式运动。

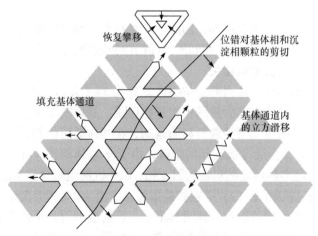

图 2.1　位错机制示意图[3]

在高温、外加应力的作用下，镍基单晶高温合金的微观组织不一定能继续保持其稳定性，合金中的各种元素根据双相合金平衡分配原理融入 γ、γ′相中，这种合金元素的定向扩散使得 γ′相的形状和尺寸发生变化，从而导致微观组织发生筏化。有大量的研究工作关注材料中的沉淀相在何种条件下会发生沿特定方向的生长，目前公认的结论是对于具有负错配的镍基单晶合金材料(目前常用的镍基单晶材料都是负错配材料)，[001]方向上的拉伸载荷会导致形成垂直于载荷方向的层板状 γ′相，而[011]方向拉伸载荷会造成平行于载荷方向的针状 γ′相，[111]方向的拉伸载荷不造成筏化(图 2.2)[14]。这种差别表明，驱动筏化的动力可能来自立方体 γ′相周围受外力方向影响的因素，与立方体 γ′相周围所受的外力方向有关。Socrate 等[15]认为筏化是在蠕变第一阶段形成的，是 γ′受力后自然的微观演化，按照总能量最小的轨迹发展，其形成时间随着温度、外力、晶体错配度的增大而减小。Pollock 等[16]认为当蠕变变形积累到一定程度之前沉淀相不会发生筏化，且 γ′相筏化总是在初始应力较小的基体通道中发生，并且发生筏化的通道几乎没有位错。Svoboda 等[17,18]认为筏化是在高温下发生的扩散过程，可以利用 γ/γ′界面上原子从一个通道扩散到另一个通道来同时分析 γ′的筏化和基体通道的宽度变化。Matan 等[19]利用 SEM 和 TEM(透射电子显微镜)研究了镍基单晶高温合金 CMSX-4 在 950℃下的筏化动力学，他指出，筏化发生的塑性应变门槛值为(0.1±0.03)%，当塑性应变小于此值时，筏化发生极其缓慢，一旦此值被超越，即使外力卸去也不影响筏化进程。

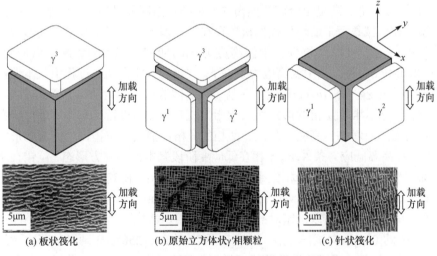

(a) 板状筏化　　　　　　(b) 原始立方体状γ′相颗粒　　　　　(c) 针状筏化

图 2.2　镍基单晶高温合金的典型筏化状态示意图[14]

镍基单晶高温合金在铸造过程中不可避免地存在孔洞及微裂纹等缺陷(图 2.3)，由于孔洞或微裂纹的存在破坏了合金组织的连续性，易于产生应力集中，成为制约材料性能的薄弱环节。高温恒定载荷作用下，孔洞及微裂纹等缺陷将生长并扩

展，产生典型的带中心孔洞的解理面。王毅等[20]进行了一系列蠕变试验，并利用
SEM 对断口进行了观察，结果表明：所有断口表面均有大量解理面，且在解理面
的中心至少有一个孔洞，孔洞的尺寸取决于载荷条件，这表明孔洞的生长对镍基
单晶高温合金的蠕变损伤和断裂起着重要作用。田素贵等[21, 22]的研究表明：在蠕
变试验过程中，孔洞缺陷可沿应力轴方向伸长成椭圆形，并在孔洞两侧形成裂纹，
沿垂直于应力轴方向扩展，孔洞缺陷可明显增大镍基单晶高温合金的蠕变损伤。

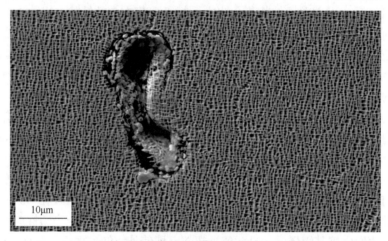

图 2.3　镍基单晶高温合金铸造过程中产生的孔洞

　　通常，镍基单晶高温合金蠕变损伤的大小随着温度和机械载荷的增大而增大，
不同温度和机械载荷下的蠕变损伤机理存在明显差异。对于镍基单晶高温合金的
典型蠕变行为，可以大致分为中温高应力(如 760℃/780MPa)和高温低应力(如
980℃/250MPa)两种。在中温高应力条件下，γ'相的形貌在蠕变过程中基本保持立
方形态；低应变阶段，$a/2\langle 110\rangle$位错在基体八面体滑移系中运动；当蠕变进入第二
阶段时，位错以堆垛层错的形式切入 γ'相，随着蠕变的进行，基体中的位错密度
和层错密度逐渐增加；高应变阶段，两相的共格性消失，位错以位错对的形式切
入 γ'相。在高温低应力条件下，γ'相在低应变阶段基本保持立方形态，位错在基体
的八面体滑移系中运动，母相位错在基体通道中弓出；随着蠕变的进行，筏化开
始进行，不同方向的位错在 γ/γ'界面形成位错网；当到达高应变阶段时，位错网充
满了合金的基体，位错以位错对的方式切入 γ'相。韩建锋等[23]针对镍基单晶高温
合金 DD3 的[001]取向试样开展了 950℃下 278MPa、250MPa 两种载荷水平的蠕
变试验，采用 SEM 观察各试验阶段试样的 γ/γ'两相微观组织，并分析了两种载荷
水平对 γ 相水平宽度变化的影响，研究表明：外加载荷对基体相 γ 通道的水平宽
度的增加速率影响较大；外加载荷越大，基体相 γ 黏塑性流变越大，导致元素原
子和空位扩散速率越大，强化相 γ'成筏速率和基体相 γ 通道的水平宽度的增加速

率增大，但对基体相 γ 通道的最终宽度影响不显著。

　　镍基单晶高温合金蠕变损伤与晶体取向密切相关。Mackay 等[24]开展了不同取向镍基单晶高温合金 MAR-M247 在 774℃下的蠕变试验，试验结果表明：晶体取向沿[$\bar{1}$11]、靠近[001]、[001]-[011]边界、[001]-[$\bar{1}$11] 边界、[011]时的蠕变损伤逐渐增加。申健等[25]开展了镍基单晶高温合金 DD26 在 975℃/255MPa 条件下的蠕变试验，表明晶体取向沿[$\bar{1}$11]、靠近[001]-[$\bar{1}$11]边界、靠近[001]、[001]-[011]边界、[011]时的蠕变损伤也逐渐增加。张中奎等[26]在 900℃/500MPa 和 1000℃/300MPa 两种环境条件下，通过试验研究了[001]、[011]、[111]三种取向的镍基单晶高温合金 DD6 的蠕变损伤及断裂机理，结果表明：温度是影响[001]取向镍基单晶高温合金 DD6 蠕变损伤的主要因素，而应力则是影响[011]和[111]取向镍基单晶高温合金 DD6 蠕变损伤的主要原因；[001]、[111]取向镍基单晶高温合金 DD6 的断裂主要是由孔洞生长引起的，而[011]取向的镍基单晶高温合金 DD6 在 900℃/500MPa 条件下的断裂是由滑移引起的、在 1000℃/300MPa 条件下的断裂是由孔洞生长和滑移共同导致的；随着温度的升高，蠕变损伤的各向异性逐渐减弱。此外，刘丽荣等[27]的研究表明：镍基单晶高温合金蠕变损伤的晶体取向相关性与蠕变第一阶段产生的 $a/3\langle112\rangle$ 位错有关，$a/3\langle112\rangle$ 位错切入 γ′相产生堆垛层错可以扩大初始蠕变应变，从而增大蠕变损伤，因此容易产生 $a/3\langle112\rangle$ 位错的晶体取向对应较大的蠕变损伤。Wen 等[28]对不同晶体取向镍基单晶高温合金 DD6 的蠕变断口开展了 SEM 分析，[001]、[011]和[111]取向的断口分别具有平行于(001)、(011)和(111)晶面的多层次解理面，且解理面在[001]、[011]和[111]方向上分别表现出正方形、菱形和六角形特征(图 2.4(d)、(e)和(f)中的黑框)。解理面高度不同表明试样的解理断裂发生在不同的横截面上，每个解理面垂直于应力轴，并通过撕裂边或{111}二次解理面彼此连接。在每个解理面上都有圆形孔洞(图 2.4 中黑色箭头)，在圆形孔洞附近有径向的解理条纹，该孔洞被认为是解理面裂纹扩展源。当裂纹在不同截面上传播时，裂纹尖端产生较大的分切应力，导致二次裂纹沿最大分切应力方向传播，从而形成撕裂边和{111}二次解理面。对于[001]取向试件，正方形解理面的形成示意图如图 2.5(a)所示，微裂纹沿着垂直于应力轴的(001)晶面上传播，由于{111}面上位错密度较高，易于激活，当裂纹扩展至与{111}面相交时，裂纹将改变方向并沿四个{111}面扩展，因此解理面为正方形；对于[011]取向试件，菱形解理面的形成示意图如图 2.5(b)所示，微裂纹在垂直于应力轴(011)晶面上沿$\langle0\bar{1}\bar{1}\rangle$方向传播，当裂纹达到四个{111}平面时停止传播，因此解理面为菱形；对于[111]取向试件，六角形解理面的形成示意图如图 2.5(c)所示，微裂纹在垂直于应力轴(111)晶面上沿$\langle2\bar{1}\bar{1}\rangle$、$\langle11\bar{2}\rangle$ 和$\langle1\bar{2}1\rangle$ 方向传播，当裂纹与对称分布的四个{111}面相交时，在解理面上显示六边形特征，当{111}平面与[111]取向恰好共面时，解理面为三角形。

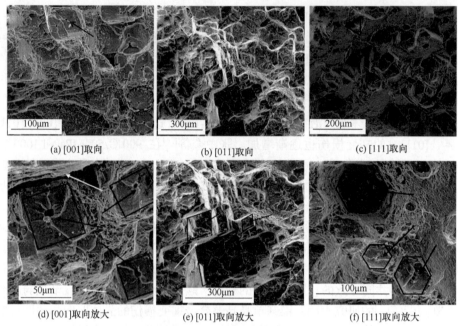

(a) [001]取向　　　　　　　　(b) [011]取向　　　　　　　　(c) [111]取向

(d) [001]取向放大　　　　　　(e) [011]取向放大　　　　　　(f) [111]取向放大

图 2.4　不同晶体取向镍基单晶高温合金 DD6 的蠕变断口[28]

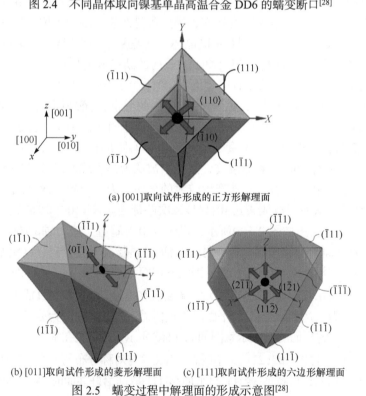

(a) [001]取向试件形成的正方形解理面

(b) [011]取向试件形成的菱形解理面　　　　　(c) [111]取向试件形成的六边形解理面

图 2.5　蠕变过程中解理面的形成示意图[28]

2.1.2　疲劳损伤

疲劳损伤是指由循环载荷造成的损伤，通常具有明显的裂纹源、疲劳条带等典型特征。对于镍基单晶高温合金，疲劳损伤首先发生在特定滑移面上。镍基单晶高温合金的疲劳损伤与温度、应力比、应力幅值、晶体取向等因素密切相关。

胡春燕等[29]对镍基单晶高温合金 DD6 的高温低循环疲劳的断裂特征进行了研究，结果表明：镍基单晶高温合金 DD6 高温低循环疲劳断口往往呈现多源开裂特征，裂纹通常萌生于试样的表面或亚表面，疲劳裂纹在刚萌生时沿着一定的小平面进行扩展，扩展区主要由垂直于裂纹扩展方向的疲劳条带和河流状花纹组成；裂纹扩展初期对应的断口基本与主应力方向垂直，且随着疲劳裂纹的扩展，断口呈现出与主应力方向约成 45°的平面特征。王美炫等[30]通过研究镍基单晶高温合金 DD6 的低循环疲劳断口，得到类似的结论，即镍基单晶高温合金 DD6 在 760℃下的低循环疲劳为多源开裂，裂纹源萌生于试样表面及亚表面；疲劳裂纹扩展初期的断口特征为河流状花纹及撕裂棱，疲劳裂纹扩展后期及瞬断区的断口特征为沿一定晶面的大解理面。史振学等[31]针对含 0.34%(质量分数，下同)Hf(铪元素)的镍基单晶高温合金开展了在 760℃条件下的低循环疲劳试验研究，对其疲劳裂纹的萌生与扩展进行了分析，结果表明：疲劳裂纹萌生于试样表面、亚表面或试样内部缺陷处，随后先沿垂直于应力的方向扩展，再沿{111}面扩展，断口上有典型的疲劳条带；位错在疲劳损伤初期主要在基体通道中扩展、变形，在疲劳损伤后期则切过 γ′相，形成滑移带；与含 0.34%Hf 的镍基单晶高温合金相比，含 0.10%Hf 的镍基单晶高温合金疲劳损伤稍有增大，损伤形式主要为弹性损伤。蒋康河[32]开展了镍基单晶高温合金 DD6 在 980℃下的低循环疲劳试验，并对断裂试样进行了取样观察，得到的试样断口分析结果表明：疲劳裂纹从试件的内外表面同时萌生，并向壁面厚度中央扩展，典型的裂纹源如图 2.6(a)所示；当疲劳裂纹扩展一段距离后，会产生大量细小的疲劳条带(图 2.6(b))。他得到的断裂试样纵向切片的金相分析结果表明：试件考核段内、外壁面均有裂纹萌生，裂纹为楔形状，并沿垂直于应力的方向向基体材料扩展(图 2.7(a))；从纵向切片微观组织放大图(图 2.7(b))可以看出，镍基单晶高温合金 DD6 在承受低循环疲劳载荷时，未发生横向或纵向筏化；在近主裂纹区域可观测到相互平行的滑移带(图 2.7(c))，说明其滑移沿单一滑移平面进行。图 2.7(d)为蒋康河试验得到的断裂试样横向切片金相图，由图可以看出材料的微观结构基本上保持与原始 γ-γ′微观结构相近的形态，未发生任一方向的筏化，且从横截面截到的微孔洞也没有长大的痕迹。

疲劳损伤的大小与循环载荷密切相关。蒋康河[32]发现，镍基单晶高温合金 DD6 的疲劳损伤随应力幅值增大而增大。当应力幅值较小时，试件的考核段分布

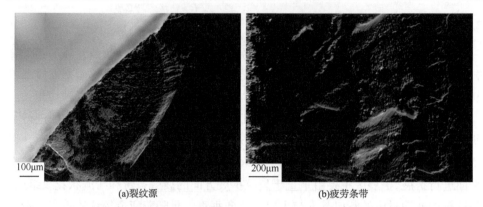

(a)裂纹源　　　　　　　　　　　　　　(b)疲劳条带

图 2.6　980℃下镍基单晶高温合金 DD6 的低循环疲劳断口特征[32]

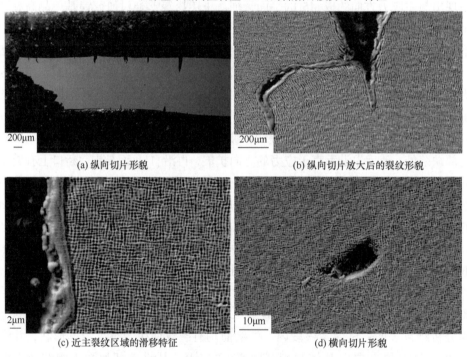

(a) 纵向切片形貌　　　　　　　　　(b) 纵向切片放大后的裂纹形貌

(c) 近主裂纹区域的滑移特征　　　　　　　(d) 横向切片形貌

图 2.7　980℃下镍基单晶高温合金 DD6 的低循环疲劳金相特征[32]

着大量小裂纹，并且越靠近主裂纹，裂纹密度越大，断面整体呈现阶梯状，断面颜色较深，几乎没有光滑的大解理面；当应力幅值增大时，小裂纹数量明显降低，尺寸减小，考核段趋于光滑，断面阶梯特征减少，断面出现光滑的晶体学解理面，且与试件轴线约成 45°。谢洪吉等[33]对镍基单晶高温合金 DD6 在不同应力比条件下的疲劳性能进行了研究，结果表明：疲劳损伤均随应力幅值和平均应力的增大而增大；当应力幅值恒定时，疲劳损伤随着应力比的增大而增大；当平均应力恒定时，应力比 $R<0.5$ 条件下的疲劳损伤随着应力比的增大而减小，而当平均应力增大到一定程度时，应力比对疲劳损伤无明显影响。李嘉荣等[34]开展了镍基单晶高温合金 DD5 和 DD6 的高温高循环疲劳试验与微观组织观测，发现 DD5 和 DD6 高温高循环疲劳的断裂机制均为类解理断裂。但是，当应力幅值较低时，位错以弓出和交滑移的方式在 γ 基体通道中滑移；当应力幅值升高时，位错以位错对的形式剪切 γ′相。刘昌奎等[35]开展了镍基单晶高温合金低循环疲劳、高循环疲劳的试验研究，结果表明：低循环疲劳在高应变幅值下为多疲劳源开裂，裂纹扩展初期断口与主应力方向垂直，随后疲劳裂纹沿特定晶体学平面扩展；低循环疲劳在低应变幅值下为单疲劳源开裂，疲劳裂纹沿特定晶体学平面扩展；高循环疲劳断裂为单疲劳源开裂，大应力下的断口由多个相交的特定晶体学平面组成，而小应力下的断口则由一个大的晶体学平面和瞬断区组成。

　　试验温度会对疲劳损伤造成严重影响。刘维维[36]开展了镍基单晶高温合金 DD406 在不同温度下的低循环疲劳试验研究，结果表明：在 650℃与 760℃两种温度条件下，DD406 的低循环疲劳损伤随应变幅值的增加而增加；但是，两种温度条件下的疲劳断口特征差异不大，疲劳裂纹均萌生于试样表面附近，裂纹扩展初期以切向应力主导，在扩展一定距离后转为正应力主导。Liu 等[37]开展了镍基单晶高温合金 SRR99 在 700℃、760℃、850℃和 900℃的高循环疲劳试验，研究了温度对镍基单晶高温合金 SRR99 疲劳损伤的影响，结果表明：表面或亚表面处萌生的疲劳裂纹是材料疲劳失效的主要原因；镍基单晶高温合金 SRR99 在 850℃和 900℃条件下表现为解理断裂，而在 700℃和 760℃条件下表现为延性断裂；疲劳损伤随温度升高而增大。Hong 等[38]研究了镍基单晶高温合金 CMSX-4 在 750℃、850℃和 950℃三种温度条件下的疲劳损伤机理，结果表明：在 750℃、850℃下的试样在内部孔隙处萌生疲劳裂纹，而在 850～950℃的温度范围内的疲劳裂纹由内部孔隙处萌生过渡到试件表面萌生；750℃和 850℃下的低循环疲劳损伤相似，并且明显低于 950℃下的疲劳损伤。张洋洋等[39]开展了镍基单晶高温合金 PWA1483 低循环疲劳的试验研究，并进行了试件断口的观测，结果表明：镍基单晶高温合金 PWA1483 在 600℃下发生沿滑移面的剪切破坏，在 850℃下更容易发生由正应力主导的 I 型裂纹引起的破坏。

　　镍基单晶高温合金的晶体取向对其疲劳损伤存在显著的影响。Zhang 等[40]对具有不同晶体取向([001]、[011]和[111])的镍基单晶高温合金 DD6 进行了高温低循环疲劳试验，试验结果表明：相同载荷条件下，[001]取向的试样具有最小的疲劳损伤，而[111]取向的试样具有最大的疲劳损伤。Dong 等[41]针对第二代镍基单晶高温合金进行了应变控制的低循环疲劳试验，以研究晶体取向对其低循环疲劳损伤的影响，结果表明：相同试验条件下，[001]取向具有最小的疲劳损伤和最佳的抗疲劳性能，而[011]取向和[111]取向在 760℃和 980℃下的疲劳损伤都比较大，这可能是因为[011]取向和[111]取向的试样在施加相同的应变条件下会产生更大的应力。李影等[42]的研究表明，DD6 低循环疲劳裂纹的萌生位置主要位于试样表面和亚表面，表面裂纹在高温下试样表面产生的氧化物及晶体生长过程中产生的微孔处产生，亚表面裂纹由于亚表面内微孔产生的应力集中而萌生；相比其他取向，[001]取向的试样的断口表面疲劳条带较少，但具有大量的河流状花纹，这与该取向受载时开动的滑移系较多有关。Fan 等[43]在 760℃下研究了不同取向镍基单晶高温合金 DD10 的低循环疲劳特性，试验中保持 1.4%总应变幅值不变，结果表明：DD10 的低循环疲劳损伤与试样的晶体取向有较强的相关性，疲劳损伤随着取向偏差角的增加而明显增大。对于与[001]轴具有相同偏差角的试样，[001]-[011]边界处的试样比[001]-[111]边界处的试样具有更小的疲劳损伤。Ma 等[44]基于应力控制条件下的原位试验(应力比 $R=0.1$)研究了[010]、[011]和[111]三种不同取向的镍基单晶高温合金试样 550℃下的低循环疲劳行为，并分析和讨论了晶体取向对疲劳损伤的影响。图 2.8(a)和(b)为[010]取向试样的开裂行为，裂纹扩展路径与加载方向的夹角约 45°，这说明该取向镍基单晶高温合金在中等温度下的裂纹扩展是沿八面体滑移系进行的。图 2.8(c)和(d)为[011]取向试样的开裂行为，裂纹

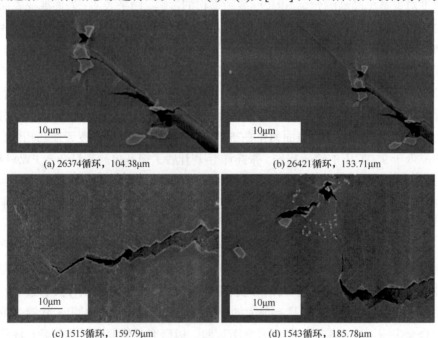

(a) 26374循环，104.38μm　　　　　　　(b) 26421循环，133.71μm

(c) 1515循环，159.79μm　　　　　　　(d) 1543循环，185.78μm

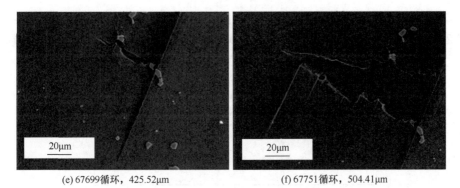

(e) 67699循环，425.52μm　　　　　　　　　(f) 67751循环，504.41μm

图 2.8　[010]、[011]、[111]取向试样低循环疲劳裂纹扩展行为[44]

扩展路径呈现出明显的"之"字形，这说明该取向镍基单晶高温合金发生了明显的双滑移。图 2.8(e)和(f)为[111]取向试样的开裂行为，裂纹扩展优先沿着{111}平面发生，当裂纹长度超过 20μm 时，单滑移系占主导，碳化物对裂纹扩展产生了明显的阻碍作用，改变了裂纹扩展路径。

2.1.3　氧化损伤

在高温服役环境下，镍基单晶高温合金的氧化行为往往会导致材料表面强度下降及疲劳裂纹萌生，它是制约材料服役寿命的关键因素之一。镍、铝、铬是镍基单晶高温合金的重要组成元素。纯镍具有较高的化学稳定性和良好的抗氧化性，在 500℃以下几乎不会发生氧化，在高温潮湿的有氧条件下，镍的表面易形成氧化膜，保护内部金属不被进一步氧化。但是，当温度持续升高时，氧化作用不断增强，氧化损伤会对镍的高温性能造成极大的影响。Giggins 等[45]对 Ni-Cr-Al 三元合金的氧化机制进行了相对系统性的研究。如图 2.9 所示，在氧化初期，合金一般会迅速生成一层主要由 Ni(Cr,Al)$_2$O$_4$(尖晶石氧化物)和 NiO 构成的薄氧化膜，氧化膜中的各种氧化物的具体含量与合金成分类似。在此阶段，合金中的元素扩散对氧化反应的贡献很小，称为瞬态氧化。当合金表面生成连续的氧化膜时，元素的扩散开始对氧化反应起主导作用。Cr$_2$O$_3$ 和 Al$_2$O$_3$ 的氧分解压小于 NiO 或 Ni(Cr,Al)$_2$O$_4$ 与合金界面上建立起的平衡氧压，因此 Cr$_2$O$_3$ 和 Al$_2$O$_3$ 能够在 NiO 的下面生成。同理，Al$_2$O$_3$ 可在 Ni 和 Cr$_2$O$_3$ 氧化膜下生成。当合金表面生成的 Cr$_2$O$_3$ 和 Al$_2$O$_3$ 的量太少以至于表面不能形成连续的氧化膜时，合金中的 Al 和 Cr 将会发生内氧化。与此同时，合金内部的基体元素 Ni 则快速发生氧化，并生成连续的 NiO 氧化膜。此时，合金的氧化速率由 NiO 中的元素扩散过程控制。这种合金称为第一类合金(组 I)。当合金表面生成的 Cr$_2$O$_3$ 足够多而 Al$_2$O$_3$ 的量很少时，合金表面将会形成连续的 Cr$_2$O$_3$ 氧化膜。合金表面的 NiO 和尖晶石氧化物的生长将会被抑制，合金进入稳态氧化阶段。此时，合金的氧化速率由 Cr$_2$O$_3$ 中的元素扩散过程控制，这种合金称为第二类合金(组 Ⅱ)。如果合金表面生成的 Al_2O_3 足够多，那么合金表面将形成连续的 Al_2O_3 氧化膜。此时，合金的稳态氧化速率则由 Al_2O_3 的生长速率决定，这种合金称为第三类合金(组Ⅲ)。由于 Al_2O_3 的生长速率最小，且相对稳定，故第三类合金具有最好的抗高温氧化性能。

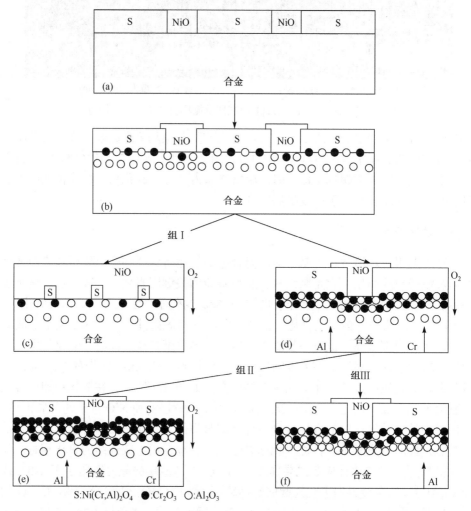

图 2.9　Ni-Cr-Al 三元合金的氧化示意图[45]

镍基单晶高温合金的氧化损伤包括氧化物的产生、生长和剥落。Liu 等[46]研究了镍基单晶高温合金 DD32 在 900℃和 1000℃下的氧化行为，研究表明：氧化过程中形成的氧化膜可分为三层，即外层的 NiO 层、中间层(包含复杂氧化物及尖晶石相)、内层的连续 Al_2O_3 层。镍基单晶高温合金 DD32 的氧化过程初始由 NiO 的生长控制，连续 Al_2O_3 层在一段时间后生成，氧化过程转变为由 Al_2O_3 的生长控制。Pei 等[47]研究了镍基单晶高温合金 DD6 在 1000℃下 2000h 的氧化行为，研究结果发现：在氧化的起始阶段，镍基单晶高温合金 DD6 主要生成单层的 Al_2O_3 层，在 750h 后单层 Al_2O_3 层逐渐破裂；此后，三层氧化膜(外层 NiO 层、中间复杂氧化物及尖晶石相、内层 Al_2O_3 层)才开始形成；在氧化后期，由于 Al 元素的不足，氧化膜剥落非常严重，合金氧化增重快速增加。程印[48]采用恒温氧化的试验方法，利用 X 射线衍射(XRD)、SEM 以及能谱仪(EDS)等分析手段研究了镍基单晶高温合金在 1100℃和 1140℃下的高温氧化行为。他得到的典型的表面氧化形貌及其成分分析分别如图 2.10 和图 2.11 所示：不同温度下产生的主要氧化物相同，均为 Al_2O_3、Cr_2O_3、NiO、Ta_2O_5、$NiCr_2O_4$，氧化温度的改变并没有改变氧化膜的组成。他认为，镍基单晶高温合金表面氧化物的生成导致合金表面发生体积膨胀，氧化膜和基体之间产生相互作用力，基体本身承受拉应力，而氧化膜承受压应力，氧化时间越长，氧化膜厚度越大，两者之间的相互作用力也越大，当氧化膜厚度增加到一定程度时，两者之间的相互作用力超过氧化膜与基体之间的结

(a) 横断面形貌　　　　　　　　　(b) 表面形貌

图 2.10　镍基单晶高温合金在 1100℃和 1140℃氧化 100h 后的形貌[48]

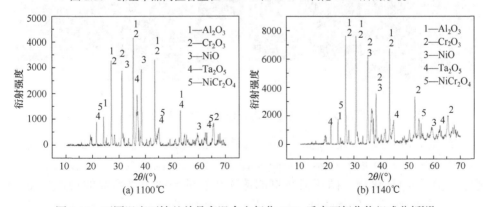

(a) 1100℃　　　　　　　　　　(b) 1140℃

图 2.11　不同温度下镍基单晶高温合金氧化 100h 后表面氧化物组成分析[48]

合力,氧化膜就会破裂、脱落。Zheng 等[49]针对镍基单晶高温合金 René95 在 700～1100℃时的氧化物生长、开裂和剥落的研究同样表明,氧化物的开裂和剥落主要由内应力引起并且被热应力促进。

不同镍基单晶高温合金的氧化损伤存在明显差异。Younes 等[50]研究了RR3000 和 CMSX-4 两种镍基单晶高温合金在 1100℃下的氧化行为,结果发现:RR3000 的氧化膜更厚,且分为三层(外层 NiO 层、中间复杂氧化物及尖晶石相、内层 Al_2O_3 层),而 CMSX-4 的氧化膜分为两层(外层的尖晶石相和内层的 Al_2O_3 层),且拉曼光谱测试结果显示 CMSX-4 的氧化层与基体有着更强的结合力。杂质元素尤其是 S 对镍基单晶高温合金的氧化损伤影响很大,研究发现:随着镍基单晶高温合金 PWA1483 中 S 含量从 10ppm(ppm=0.0001%)增加至 88ppm,其抗氧化性能不断降低[51];当 S 含量从 10ppm 降至更低时,镍基单晶高温合金在1100℃的抗氧化性得到显著改善[52, 53]。

温度对镍基单晶高温合金的高温氧化损伤有很大影响[54]:一方面,温度越高,氧化速率越大,单位时间内氧化物的质量增加越大;另一方面,温度越高,氧化膜与基体之间的相互作用力越大,氧化膜越容易脱落。此外,梁肖肖等[55]研究温度对镍基单晶高温合金的影响时发现:在 900℃下的氧化试验中,从镍基单晶高温合金晶体表面观察到许多粒径约为 500nm 的颗粒(图 2.12(a));在 1000℃下的氧化试验中,氧化物的大小和形貌发生了明显的改变(图 2.12(b))。

(a) 900℃　　　　　　　　　　　　　　　　(b) 1000℃

图 2.12　不同温度下镍基单晶高温合金氧化 200h 后表面氧化物形貌[55]

机械载荷对镍基单晶高温合金的高温氧化损伤影响显著。东北大学刘柳[56]的研究表明:不同取向镍基单晶高温合金试样在高温下经受氧化损伤,表面会生成脆性的氧化物,循环载荷将加速氧化层的破碎和微裂纹的形成,[011]取向镍基单晶高温合金试样和[111]取向镍基单晶高温合金试样的典型微裂纹形貌如图 2.13(a)和(b)所示。试验中发现，在循环加载过程中，试样表面的缺陷处会产生严重的氧化损伤，使得试样表面形成与基体材料不连续的氧化层，由于所形成的氧化层的楔形侵入作用，在氧化损伤严重的位置容易产生微裂纹。当裂纹在试样表面形成后，氧化物填充微裂纹直到裂纹尖端，因形成的氧化层脆性较大，易在热应力作用下剥落，使得基体材料重新暴露在空气中发生新一轮氧化反应，从而加速裂纹扩展，过程示意如图 2.14 所示。

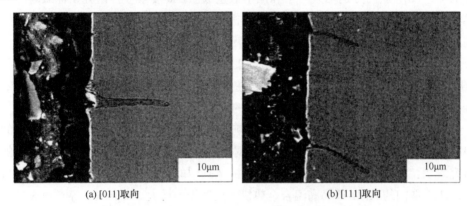

(a) [011]取向　　　　　　　　　　　　　　　(b) [111]取向

图 2.13　不同取向镍基单晶高温合金试样的典型微裂纹形貌[56]

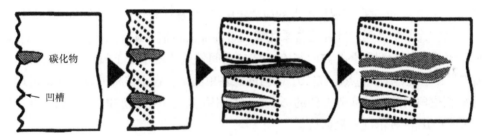

图 2.14　表面缺陷处氧化促使微裂纹萌生示意图[56]

此外，试件表面质量对氧化损伤也具有一定影响，Wang 等[57]研究了表面粗糙度对镍基单晶高温合金 DD33 氧化行为的影响，发现粗糙度为 $0.83\mu m$ 的试样比粗糙度为 $0.14\mu m$ 的试样拥有更好的抗氧化能力，这是因为粗糙度为 $0.83\mu m$ 的试样会更快形成 Al_2O_3 层。

2.1.4　热机械疲劳损伤的影响因素

镍基单晶高温合金热机械疲劳损伤的影响因素极为复杂，温度/机械载荷水平(包括载荷大小、高温保载时间、载荷相位角等)、合金晶体取向等都会对其产生影响。

温度/机械载荷大小主要影响不同损伤的相对大小。温度、机械载荷越大，热机械疲劳损伤越大；当机械载荷幅值较大时，热机械疲劳的主导损伤为疲劳损伤；

当温度、平均应力较大时，热机械疲劳的主导损伤为蠕变损伤；此外，高温含氧环境中，氧化损伤对热机械疲劳的影响不容忽略[58, 59]。高温保载时间主要影响蠕变损伤和氧化损伤,两种损伤均随保载时间的增加而增大。文献[60]中论述了 Zhou 对 TMS-75 单晶高温合金 400～900℃的 OP TMF 性能研究，并表明与不带保载时间的 OP TMF 损伤相比，在最高温度、最大压应变点处保持 10min、60min 的试样的 OP TMF 损伤分别增大一个和两个数量级。Zhang 等[61-64]研究了保载时间对 PWA-1480 及 TMS 系列单晶高温合金热机械疲劳损伤的影响，认为保载时间内的蠕变损伤、氧化损伤累积是导致热机械疲劳性能降低的主要原因。载荷相位角主要影响热机械疲劳损伤中疲劳损伤、蠕变损伤和氧化损伤的相对比例。相位角为 0°时，蠕变损伤在热机械疲劳损伤中占主导地位；随着相位角从 0°增大至 180°，蠕变损伤的比例逐渐减小，而氧化损伤的比例逐渐增大[65, 66]。

镍基单晶高温合金晶体取向主要影响滑移系的开动，进而对单晶高温合金的热机械疲劳损伤产生影响。Fleury 等[67]对 AM1 单晶高温合金热机械疲劳性能的研究表明：相同试验条件下，[001]取向的 AM1 单晶高温合金热机械疲劳损伤最小，[111]取向的 AM1 单晶高温合金热机械疲劳损伤最大。Segersäll 等[68]对 STAL-15 单晶高温合金热机械疲劳性能的研究表明，当开动的滑移面数量较多时，材料变形将更加均匀，同时在细观尺度上的应力集中更少，从而有较小的热机械疲劳损伤。

真实镍基单晶涡轮叶片通常采用螺旋选晶器法铸造，其叶型积叠线沿[001]取向，通常认为叶型积叠线方向与[001]取向之间偏差角度小于 12°的叶片为合格叶片[69]。鉴于此,本章重点研究[001]取向的镍基单晶高温合金热机械疲劳损伤机理，分析相位角对热机械疲劳损伤的影响，选取相位角为 0°(对应 IP TMF)和 180°(对应 OP TMF)两种情况开展研究。

2.2　同相热机械疲劳损伤机理

2.2.1　同相热机械疲劳试验

为了研究镍基单晶高温合金的 IP TMF 损伤机理，以目前广泛应用于我国航空发动机涡轮叶片的第二代镍基单晶高温合金 DD6 为对象，开展 DD6 的 IP TMF 试验。DD6 由中国航发北京航空材料研究院研制，具有高温强度高、综合性能好、组织稳定及铸造工艺性能好等优点。相对于第一代单晶 DD3，DD6 耐高温能力大约提升了 40℃，其高温综合性能与国外 PWA1484、René N5 和 CMSX-4 等二代单晶相当[70, 71]，并且由于铼含量低，具有成本较低的优势，已广泛应用于我国多型在研、在役航空发动机涡轮叶片[72]。DD6 的化学元素成分如表 2.1 所示。热处理后的 DD6 微观结构如图 2.15 所示，其中沉淀相(γ′)所占体积分数约为 70%[73]，并均匀地镶嵌在基体相(γ)中。

表 2.1　DD6 化学元素成分

元素	Al	Ta	W	Co	Re	Hf	Cr	Mo	Ni
成分 (质量分数)/%	5.2～6.2	6.0～8.5	7.0～9.0	8.5～9.5	1.6～2.4	0.05～0.15	3.8～4.8	1.5～2.5	其余

1μm

图 2.15　DD6 热处理态 γ-γ′两相微观结构

考虑到镍基单晶涡轮叶片壁厚通常在 1.5mm 左右，为了更好地反映真实涡轮叶片的几何尺寸，在 IP TMF 试验中采用空心圆管试件，试件如图 2.16 所示。其中，试件考核段长度为 25mm，其外径为 12mm，内径为 9mm，壁厚 1.5mm。试件两端夹持段外径为 16mm，通过螺纹与夹具相连。空心圆管试件外表面加工方式与普通圆棒试件类似，其加工难点在于内孔的加工。由于试件材料为单晶，试件内壁面加工后必须依然保证单晶完整性，避免加工阶段出现再结晶等预损伤。试件孔小且深，采用传统的机械加工，精度不高且加工后表面较为粗糙，不能保证孔内壁面的加工质量。而采用中慢速度的线切割加工后虽然可以做到较光滑的试件表面状态，但也易在单晶表面形成一层再铸层，破坏了单晶结构完整性，可能在试验过程中首先发生破坏，使得试验失败。为解决这一难题，可在试件内孔最后加工阶段引入珩磨精加工工艺，消除试件表面再铸层，从而获得较高的加工精度[32]。

所有 IP TMF 试验均为拉/压对称试验，循环应力比 R=−1，无保载的 IP TMF 载荷波形为三角波(图 2.17(a))，试验频率为 f = 1/100s^{-1}，考虑保载时间影响的 IP TMF 载荷波形为梯形波(图 2.17(b))，具体试验条件及试验寿命如表 2.2 所示。

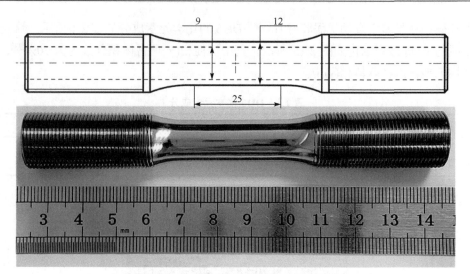

图 2.16　标准圆管试件几何尺寸及实物(单位：mm)

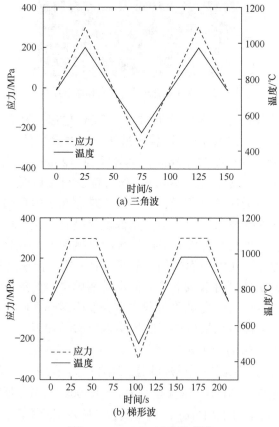

图 2.17　IP TMF 试验载荷谱

表 2.2　IP TMF 试验条件及试验寿命

序号	与[001]取向的偏差/(°)	保载时间/s	温度范围/℃	应力幅值/MPa	试验寿命/循环
1	4.0	0	500～980	300	3644
2	5.0	0	500～980	400	758
3	3.4	0	500～980	500	338
4	5.2	30	500～980	300	1272
5	6.1	60	500～980	400	12

2.2.2　断口分析

　　IP TMF 试验结束后,将空心圆管试件考核段切下,试件的断口宏观形貌如图 2.18 所示,其断面粗糙,表面如砂纸一般,未见光亮的解理面特征。随循环应力的增大,断面宏观特征类同,肉眼几乎无法分辨差别。同样,所有试件的外表面靠近主裂纹区域出现颈缩,并且颈缩区域内有细小的微裂纹。此外,微裂纹的数量、尺寸未随应力水平、保载时间的改变发生明显变化。

试件断口表面
(a) 断面　　　　　　　　　　试件侧面
(b) 外表面

图 2.18　DD6 IP TMF 宏观断口形貌

(a)、(b)图中试件从左到右分别对应表 2.2 中的试件 1、试件 2、试件 3、试件 4

　　镍基单晶高温合金 IP TMF 试验后的典型断口特征如图 2.19 所示。在较低放大倍数下观察可发现,其断面较为粗糙,有细小韧窝、撕裂棱线等,但是没有光滑解理平面以及明显的氧化特征(图 2.19(a))。不同应力幅值、保载时间条件下得到的试件的整体断口特征较为相似,从断面上难以直观分辨其差别。增加放大倍数可以发现,断口表面具有大量带有中心微孔洞的解理面(图 2.19(b)),这种解理面是镍基单晶蠕变断口的典型特征[74-77],其形成原因与材料本身微孔洞的生长有关,这表明蠕变损伤在 IP TMF 试验中起着重要的作用。将解理面附近形貌放大(图 2.19(c))可以发现,解理面在裂纹面上体现为一个方形凸台,方形面的下部有向中心微孔洞弯曲的疲劳条带。此外,在断口表面也发现了部分疲劳条带(图 2.19(d)),这表明疲劳损伤是 IP TMF 的另一个重要损伤机制。

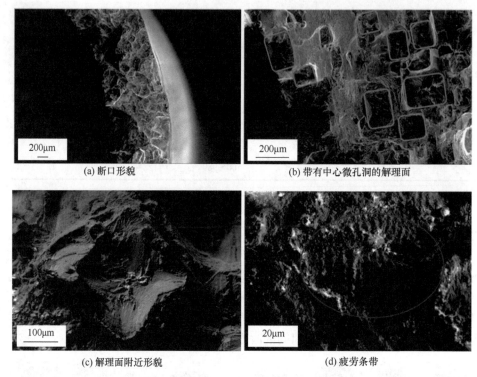

<table>
(a) 断口形貌　　　　　　　　　　(b) 带有中心微孔洞的解理面
(c) 解理面附近形貌　　　　　　　　(d) 疲劳条带
</table>

图 2.19　IP TMF 试验后的典型断口特征

2.2.3　金相分析

对 IP TMF 断裂试件进行横向和纵向切片处理，并对这些切片进行镶嵌、磨抛，然后采用配方为 5g $CuSO_4$ + 25mL HCl + 20mL H_2O + 5mL H_2SO_4 的腐蚀液腐蚀 10s，去除金相样品表面的沉淀强化相 γ' 相，最后在 SEM 下观测样品的金相特征。

图 2.20(a)为应力幅值 300MPa 的 IP TMF 失效试样纵向切片的金相图，从图中可以发现，在材料的表面和内部均存在垂直于应力主轴方向的张开的微裂纹(箭头所指)。图 2.20(b)是纵向切片在高放大倍数下的局部裂纹形貌,从图中可以看出,材料表面的裂纹被氧化引起的 γ' 贫化层覆盖,并且在 γ' 贫化层下面还存在再结晶层。镍基单晶高温合金试件在加工过程中不可避免地会引入一定的塑性变形,再结晶层是带有塑性变形的镍基单晶高温合金试件在高温机械载荷作用下产生的。γ' 贫化和再结晶均会导致材料性能下降,从而促使裂纹在 IP TMF 载荷作用下萌生。材料内部裂纹的特征与表面裂纹存在巨大差异,内部裂纹周围的材料没有发生 γ' 贫化和再结晶,其形成原因可能是材料铸造缺陷(如微孔洞等)在 IP TMF 载荷

作用下沿垂直于应力主轴方向的生长，这与断口分析中观察到的韧窝、方形解理面特征符合，印证了蠕变损伤是镍基单晶高温合金 IP TMF 失效的主要影响因素之一。值得一提的是，由于材料铸造缺陷生长形成裂纹的过程发生在材料内部，因而其与试件内外表面的环境因素关系不大。镍基单晶高温合金在 IP TMF 载荷下的失效过程为：疲劳损伤导致裂纹在表面萌生并扩展，蠕变损伤导致材料铸造缺陷不断生长并形成裂纹，两种类型的裂纹不断扩展造成试件承载能力下降，并最终断裂失效。

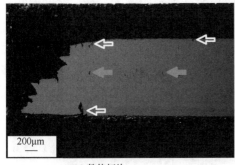
(a) 整体切片

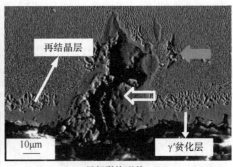
(b) 局部裂纹形貌

图 2.20　应力幅值 300MPa 的 IP TMF 失效试样纵向切片的金相图
(空心箭头表示表面裂纹，实心箭头表示内部裂纹)

蠕变损伤与保载时间密切相关，当在最高温度处引入 30s 保载时间后，试件的蠕变损伤将更为严重。应力幅值 300MPa、保载时间 30s 的 IP TMF 失效试件的纵向切片如图 2.21 所示，与前述情况相同，引入保载时间后，材料的表面和内部依然存在垂直于应力主轴方向的微裂纹，但是内部裂纹的数量和尺寸明显增加，这进一步印证了内部裂纹与蠕变损伤密切相关。

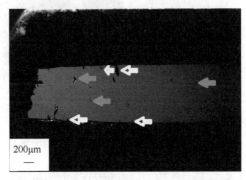

图 2.21　应力幅值 300MPa、保载时间 30s 的 IP TMF 失效试件的纵向切片
(空心箭头表示表面裂纹，实心箭头表示内部裂纹)

IP TMF 试验后的纵向切片微观组织如图 2.22(a)所示。镍基单晶高温合金

DD6 在 IP TMF 载荷下出现了明显的筏化现象，且方向垂直于应力主轴。这种现象同样也出现在镍基单晶高温合金蠕变试验中。IP TMF 试验后的横向切片微观组织如图 2.22(b)所示，横切面微结构不再是规整的方格结构，而是出现了大量因 γ′相被腐蚀掉而留下的不规则坑洞。综合考虑纵向切片微观组织和横向切片微观组织，可以推断出 IP TMF 试验中镍基单晶高温合金规则的 γ/γ′立方体结构逐渐演化为垂直于应力主轴的板状筏结构(图 2.22(c))。不同应力幅值、保载时间条件下，试件纵向切片和横向切片的微观组织基本一致，在试件断裂前均完成了垂直于应力主轴方向的筏化。此外，在靠近主裂纹的区域可见细密的相交滑移带(图 2.22(d))，从滑移带与裂纹面的夹角可以看出，滑移是在八面体滑移平面上进行的，这表明沿[001]方向加载时，IP TMF 失效与八面体滑移平面上的滑移行为密切相关。

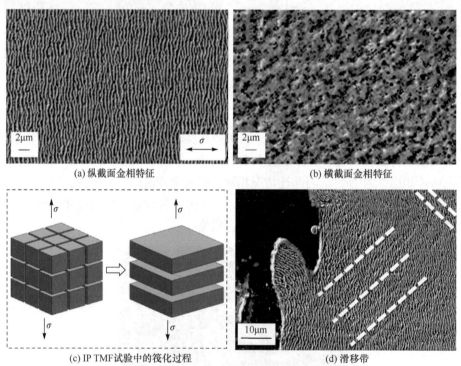

(a) 纵截面金相特征 (b) 横截面金相特征

(c) IP TMF试验中的筏化过程 (d) 滑移带

图 2.22　IP TMF 试验后的试件的金相特征

2.3　反相热机械疲劳损伤机理

2.3.1　反相热机械疲劳试验

为了研究镍基单晶高温合金 OP TMF 损伤机理，以镍基单晶高温合金 DD6 为

对象,开展 OP TMF 试验。试件形式及加工方式与 2.2.1 节所述相同。所有 OP TMF
试验均为拉/压对称试验,循环应力比 $R=-1$,载荷波形均为三角波(图 2.23),循环
频率为 $f = 1/100s^{-1}$,具体试验条件如表 2.3 所示。

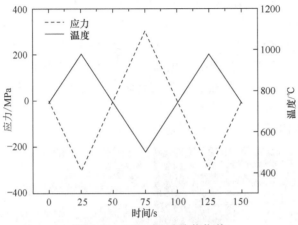

图 2.23　OP TMF 试验载荷谱

表 2.3　OP TMF 试验条件

序号	与[001]取向的偏差/(°)	保载时间/s	温度范围/℃	应力幅值/MPa	试验寿命/循环
1	2.1	0	500~980	400	2066
2	8.2	0	500~980	500	505

2.3.2　断口分析

OP TMF 试验结束后,将空心圆管试件考核段切下,试件的断口宏观形貌如
图 2.24 所示,其断面相对于 IP TMF 试验后的明显更为平整,且外壁面较为光滑,
肉眼未见有萌生的微裂纹。在相同温度载荷下,应力水平升高时,试件断面出现
与其主轴成约 45°的层叠结构,疑似滑移特征。此外,试件断面还出现了较大的、
光滑的解理平面,应是其在较大的机械载荷下发生解理断裂导致的。

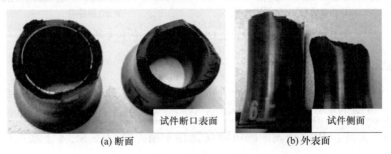

(a) 断面　　　　　　　　　　　　　　(b) 外表面

图 2.24　DD6 合金的 OP TMF 试验后的宏观断口形貌
(a)、(b)图中试件从左到右分别对应表 2.3 中的试件 1、试件 2

镍基单晶高温合金 OP TMF 试验后的典型断口特征如图 2.25 所示。在较低放大倍数下观察可以发现，OP TMF 试验后的试件断面比 IP TMF 试验后的较光滑，多处可见规律排列的台阶形貌，内外壁面有明显的氧化区域，但是没有方形解理面、韧窝等典型蠕变特征(图 2.25(a))。不同应力幅值下，试件整体断口特征较为相似，从断面上难以直观分辨其差别。增加放大倍数可以发现，断面靠近外壁面有较为平坦的氧化区域(图 2.25(b))，且越靠近外壁面，氧化越严重，裂纹多萌生于此，这表明氧化损伤是促使 OP TMF 裂纹萌生的主要原因之一。此外，在断口中部发现大量滑移台阶(图 2.25(c))和滑移带(图 2.25(d))，说明 OP TMF 的疲劳裂纹沿滑移面扩展，整个断口中部的断口形貌较为相似，均表现出较强的滑移特征和疲劳损伤特征。

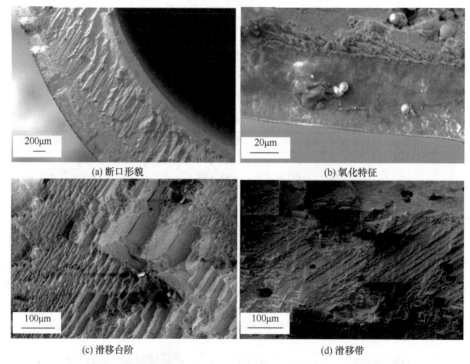

(a) 断口形貌　　　　　　　　　　　　(b) 氧化特征

(c) 滑移台阶　　　　　　　　　　　　(d) 滑移带

图 2.25　镍基单晶合金 OP TMF 试验后的典型断口特征

2.3.3　金相分析

对 OP TMF 断裂试件进行横向和纵向切片处理，并对这些切片进行镶嵌、磨抛，然后采用配方为 5g $CuSO_4$ + 25mL HCl + 20mL H_2O + 5mL H_2SO_4 的腐蚀液腐蚀 10s，去除金相样品表面的沉淀强化相 γ' 相，最后在 SEM 下观测样品的金相特征。

　　图 2.26(a)为应力幅值 400MPa 的 OP TMF 失效试样纵向切片的金相图，从图中可以发现，材料的内外表面分布着大量垂直于应力主轴方向的微裂纹，但是在材料内部却没有微裂纹，而且材料内外表面的裂纹形貌与 IP TMF 试验条件下的裂纹形貌截然不同：IP TMF 试件的裂纹为明显的张开形状，而 OP TMF 试件的裂纹几乎是闭合的。这就是 OP TMF 失效试样的断口表面较为光滑、没有肉眼可见的微裂纹的原因。图 2.26(b)是纵向切片在高放大倍数(3500 倍)下的局部裂纹形貌，从图中可以看出，与 IP TMF 试验后的试件表面裂纹一致，OP TMF 条件下的材料表面裂纹也被 γ′ 贫化层和再结晶层覆盖。OP TMF 失效具有典型的氧化诱导裂纹萌生并扩展的特征(图 2.27)[59, 78]。在 OP TMF 循环中，试件在高温时承受压缩载荷，此时试件表面在高温条件产生氧化层；随着温度逐渐降低，载荷逐渐转为拉伸载荷，而氧化层中(如 Al$_2$O$_3$、Cr$_2$O$_3$ 等)的韧性-脆性转化点在 700℃ 左右，脆性氧化层在拉伸载荷作用下开裂，使得新的基体材料暴露在空气中，并在

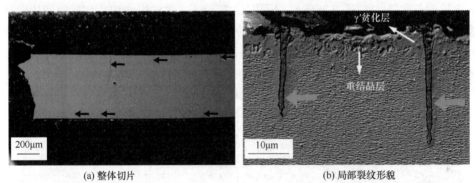

(a) 整体切片　　　　　　　　　　　　(b) 局部裂纹形貌

图 2.26　应力幅值 400MPa 的 OP TMF 失效试样纵向切片的金相图

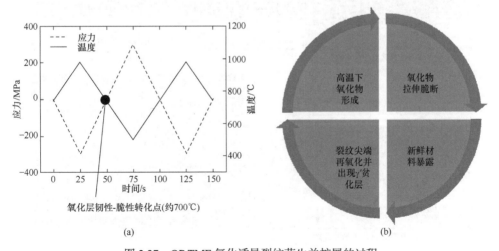

图 2.27　OP TMF 氧化诱导裂纹萌生并扩展的过程

接下来的高温环境继续被氧化；此外，氧化物形成过程不断损耗合金中的 Al 元素和用于固溶强化的 Cr 元素，使得裂纹尖端产生 γ′贫化层，导致裂纹尖端合金性能显著退化[78]，试验过程中再结晶层的产生也会使得材料抵抗裂纹扩展能力进一步降低；在 OP TMF 循环中，"高温下氧化物形成—氧化物拉伸脆断—新鲜基体材料暴露—裂纹尖端再氧化并出现 γ′贫化层"的过程不断循环，使得裂纹不断向材料内部扩展，并最终导致试件断裂。

　　OP TMF 试验后的纵向切片微观组织如图 2.28(a)所示，镍基单晶高温合金 DD6在 OP TMF 载荷下也出现了明显的筏化现象，但筏化方向与 IP TMF 载荷下的筏化方向截然不同，为平行于应力主轴方向。OP TMF 试验后的横向切片微观组织如图2.28(b)所示，其微观组织依然保持较为规则的共晶状态，但由于受 γ′相的挤压作用，γ 相初始方格形状向圆形转变。综合考虑纵向切片和横向切片的微观组织，可以推断出 OP TMF 试验中镍基单晶高温合金规则的 γ/γ′立方体结构逐渐演化为平行于应力主轴的条状筏结构(图 2.28(c))。不同应力幅值下，试件纵向切片和横向切片微观组织基本一致。这种筏化可能阻碍裂纹扩展，猜测是导致 OP TMF 寿命长于 IP TMF的微观机制之一。此外，在靠近主裂纹的区域可见大量平行的滑移带(图 2.28(d))，从滑移带与裂纹面的夹角可以看出，滑移是在八面体滑移平面上进行的，这表明，沿[001]方向加载时，OP TMF 失效与八面体滑移平面上的滑移行为密切相关。

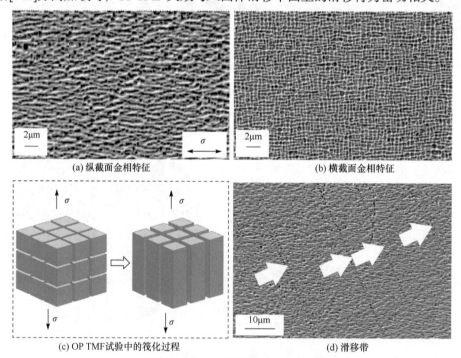

(a) 纵截面金相特征　　　　　　　　　　　(b) 横截面金相特征

(c) OP TMF试验中的筏化过程　　　　　　　(d) 滑移带

图 2.28　OP TMF 试验后的试件的金相特征

2.4　本 章 小 结

本章介绍了镍基单晶高温合金热机械疲劳损伤及其影响因素，并以镍基单晶高温合金 DD6 为研究对象，深入研究了 IP TMF 和 OP TMF 损伤机理。IP TMF 试件的断口具有带中心微孔洞的方形解理面、疲劳条带等特征，通过金相观察可以发现垂直于应力主轴方向的 γ' 相筏化及八面体滑移带等特征，这些特征表明，镍基单晶高温合金 IP TMF 的主导损伤是蠕变损伤和疲劳损伤。OP TMF 试件的断口具有大量的滑移台阶、滑移带等特征以及明显的氧化区域，通过金相观察发现了平行于应力主轴方向的 γ' 相筏化及八面体滑移带等特征，这些特征表明，镍基单晶高温合金 OP TMF 的主导损伤是疲劳损伤和氧化损伤。

参 考 文 献

[1] Jones J, Whittaker M, Lancaster R, et al. The influence of phase angle, strain range and peak cycle temperature on the TMF crack initiation behaviour and damage mechanisms of the nickel-based superalloy, RR1000. International Journal of Fatigue, 2017, 98: 279-285.

[2] Wang R, Zhang B, Hu D, et al. A critical-plane-based thermomechanical fatigue lifetime prediction model and its application in nickel-based single-crystal turbine blades. Materials at High Temperatures, 2019, 36(4): 325-334.

[3] Fedelich B. A microstructural model for the monotonic and the cyclic mechanical behavior of single crystals of superalloys at high temperatures. International Journal of Plasticity, 2002, 18(1): 1-49.

[4] Mukherji D, Wahi R P. Some implications of the particle and climb geometry on the climb resistance in nickel-base superalloys. Acta Materialia, 1996, 44(4):1529-1539.

[5] Svoboda J, Luká S P. Modelling of recovery controlled creep in nickel-base superalloy single crystals. Acta Materialia, 1997, 45(1): 125-135.

[6] 钱本江, 田素贵, 王明罡, 等. 一种含 4.2%Re 单晶镍基合金的蠕变行为与组织演化规律. 材料工程, 2009, (S2): 272-281.

[7] Tinga T, Brekelmans W A M, Geers M G D. Cube slip and non-Schmid effects in single crystal Ni-base superalloys. Modelling and Simulation in Materials Science and Engineering, 2010, 18(1): 015005.

[8] 米格兰比 H. 材料的塑性变形与断裂//卡恩 R W, 哈森 P, 克雷默 E J. 材料科学与技术丛书 (第六卷). 颜鸣皋, 等译. 北京: 科学出版社, 1998.

[9] 沙玉辉, 左良, 张静华, 等. 一种镍基单晶高温合金压缩蠕变强度的各向异性. 金属学报, 2011, 37 (11):1142-1146.

[10] Betz W. High temperature alloys for gas turbine and other applications. Proceedings of a Conference Held in Liège, Belgium, 1986: 1-5.

[11] Khan T, Caron P. Effect of processing conditions and heat treatments on mechanical properties of single-crystal superalloy CMSX-2. Materials Science and Technology, 1986, 2(5): 486-492.

[12] Zhang J X, Murakumo T, Harada H, et al. Dependence of creep strength on the interfacial dislocations in a fourth generation SC superalloy TMS-138. Scripta Materialia, 2003, 48(3):287-293.

[13] Zhang J X, Wang J C, Harada H, et al. The effect of lattice misfit on the dislocation motion in superalloys during high-temperature low-stress creep. Acta Materialia, 2005, 53(17):4623-4633.

[14] Sakaguchi M, Okazaki M. Fatigue life evaluation of a single crystal Ni-base superalloy, accompanying with change of microstructural morphology. International Journal of Fatigue, 2007, 29(9):1959-1965.

[15] Socrate S, Parks D M. Numerical determination of the elastic driving force for directional coarsening in Ni-superalloys. Acta Metallurgica et Materialia, 1993, 41(7): 2185-2209.

[16] Pollock T M, Argon A S. Directional coarsening in nickel-base single crystals with high volume fractions of coherent precipitates. Acta Metallurgica et Materialia, 1994, 42(6):1859-1874.

[17] Svoboda J, Lukas P. Modelling of kinetics of directional coarsening in Ni-superalloys. Acta Materialia, 1996, 44(6):2557-2565.

[18] Svoboda J, Lukas P. Creep deformation modelling of superalloy single crystals. Acta Materialia, 2000, 48(10):2519-2528.

[19] Matan N, Cox D C, Rae C M F, et al. On the kinetics of rafting in CMSX-4 superalloy single crystals. Acta Materialia, 1999, 47(7): 2031-2045.

[20] 王毅, 岳珠峰, Stein M P. 镍基单晶超合金中孔洞长大的试验和有限元分析. 稀有金属材料与工程, 2006, 35(1):39-42.

[21] 田素贵, 周惠华, 张静华, 等. 一种单晶镍基合金的高温蠕变损伤. 金属学报, 1998, 34(1):57-62.

[22] 张姝, 田素贵, 夏丹, 等. 单晶合金中孔洞对蠕变行为的影响. 稀有金属材料与工程, 2010, 39(3): 418-422.

[23] 韩建锋, 朱西平, 温志勋, 等. 镍基单晶合金基体相 γ 在不同应力状态蠕变的扩散分析. 热加工工艺, 2011, 40(12):16-18.

[24] Mackay R A, Maier R D. The influence of orientation on the stress rupture properties of nickel-base superalloy single crystals. Metallurgical Transactions A, 1982, 13(10):747-1754.

[25] 申健, 卢玉章, 郑伟, 等. DD26 镍基单晶高温合金的高温持久性能各向异性. 沈阳工业大学学报, 2014, 36(1):28-33.

[26] 张中奎, 王佰智, 刘大顺, 等. DD6 单晶合金蠕变特性及断裂机理. 材料科学与工程学报, 2012, 30(3):375-379.

[27] 刘丽荣, 温涛, 李金国, 等. 镍基单晶高温合金不同温度下的拉伸性能. 沈阳工业大学学报, 2011, 33(2):129-132.

[28] Wen Z, Zhang D, Li S, et al. Anisotropic creep damage and fracture mechanism of nickel-base single crystal superalloy under multiaxial stress. Journal of Alloys and Compounds, 2016, 692:301-312.

[29] 胡春燕, 刘新灵, 陶春虎. DD6 单晶高温合金低周疲劳断裂特征的研究. 失效分析与预防, 2014, 9(4):224-227.

[30] 王美炫, 李影. DD6 单晶高温合金疲劳断口的扫描电子显微分析. 电子显微学报, 2001, 20(4):418-419.

[31] 史振学, 李嘉荣, 刘世忠, 等. 第二代单晶高温合金的低周疲劳行为. 材料热处理学报, 2011, 32(5):41-45.

[32] 蒋康河. 镍基单晶高温合金热机械疲劳损伤机理及寿命预测. 北京: 北京航空航天大学, 2017.

[33] 谢洪吉, 李嘉荣, 韩梅. 应力比对单晶高温合金高周疲劳行为的影响. 稀有金属材料与工程, 2018, 47(11):135-140.

[34] 李嘉荣, 谢洪吉, 韩梅, 等. 第二代单晶高温合金高周疲劳行为研究. 金属学报, 2019, 55(9):1195-1203.

[35] 刘昌奎, 杨胜, 何玉怀, 等. 单晶高温合金断裂特征. 失效分析与预防, 2010, 5(4):225-230.

[36] 刘维维. 第二代单晶高温合金 DD406(DD6)低周疲劳行为. 第十一届中国高温合金年会中国金属学会高温材料分会: 动力与能源用高温结构材料, 2007: 440-443.

[37] Liu Y, Yu J J, Xu Y, et al. Temperature dependence of high-cycle fatigue behavior of a Ni-base single crystal superalloy. Materials Science Forum, 2007, 546-549:1219-1224.

[38] Hong H U, Choi B G, Kim I S, et al. Characterization of deformation mechanisms during low cycle fatigue of a single crystal nickel-based superalloy. Journal of Materials Science, 2011, 46(15):5245-5251.

[39] 张洋洋, 施惠基, 马显锋. 镍基单晶合金的低周疲劳性能研究. 北京力学会第 18 届学术年会, 2012: V53-V54.

[40] Zhang Z, Yu H, Dong C. LCF behavior and life prediction method of a single crystal nickel-based superalloy at high temperature. Frontiers of Mechanical Engineering, 2015, 10(4):418-423.

[41] Dong C, Yu H, Li Y, et al. Life modeling of anisotropic fatigue behavior for a single crystal nickel-base superalloy. International Journal of Fatigue, 2014, 61:21-27.

[42] 李影, 苏彬. DD6 单晶合金的高温低周疲劳机制. 航空动力学报, 2003, 18(6):732-736.

[43] Fan Z, Li J, Wang D, et al. Orientation dependence of low cycle fatigue properties of a Ni-based single crystal superalloy DD10. Rare Metal Materials and Engineering, 2018, 47(1): 1-6.

[44] Ma X, Shi H, Gu J, et al. In-situ observations of the effects of orientation and carbide on low cycle fatigue crack propagation in a single crystal superalloy. Procedia Engineering, 2010, 2(1):2287-2295.

[45] Giggins C S, Pettit F S. Oxidation of Ni-Cr-Al alloys between 1000 and 1200°C. Journal of the Electrochemical Society, 1971, 118(11):1782-1790.

[46] Liu C T, Sun X F, Guan H R, et al. Oxidation of the single-crystal Ni-base superalloy DD32 containing rhenium in air at 900 and 1000°C. Surface and Coatings Technology, 2005, 197(1): 39-44.

[47] Pei H, Wen Z, Zhang Y, et al. Oxidation behavior and mechanism of a Ni-based single crystal superalloy with single α- Al$_2$O$_3$ film at 1000°C. Applied Surface Science, 2017, 411:124-135.

[48] 程印. 新型镍基单晶高温合金组织稳定性及力学性能的研究. 沈阳: 沈阳工业大学, 2019.

[49] Zheng L, Zhang M, Chellali R, et al. Investigations on the growing, cracking and spalling of oxides scales of powder metallurgy Rene95 nickel-based superalloy. Applied Surface Science, 2011, 257(23):9762-9767.

[50] Younes C M, Allen G C, Nicholson J A. High temperature oxidation behaviour of single crystal superalloys RR3000 and CMSX-4. Corrosion Engineering, Science and Technology, 2007, 42(1): 80-88.

[51] Satoshi U, Yuichiro J, Makoto O, et al. Creep property and phase stability of sulfur-doped Ni-base single-crystal superalloys and effectiveness of CaO desulfurization. Metallurgical and Materials Transactions A, 2018, 49(9): 4029-4041.

[52] Mcvay R V, Williams P, Meier G H, et al. Oxidation of low sulfur single crystal nickel-base superalloys. Superalloys, 1992: 807-816.

[53] Sarioglu C, Stinner C, Blachere J R, et al. The control of sulfur content in nickel-base single crystal superalloys and its effects on cyclic oxidation resistance. Superalloy, 1996: 71-80.

[54] 程印, 王新广, 刘金来, 等. 一种含 Ru 镍基单晶高温合金的高温氧化行为. 材料导报, 2018, 32(S2): 364-366.

[55] 梁肖肖, 童健, 马昕迪, 等. 镍基高温合金单晶的生长和氧化行为. 应用技术学报, 2019, 19(2): 119-124.

[56] 刘柳. 一种镍基单晶高温合金低周疲劳行为的研究. 沈阳: 东北大学, 2016.

[57] Wang L, Jiang W, Li X, et al. Effect of surface roughness on the oxidation behavior of a directionally solidified Ni-based superalloy at 1100°C. Acta Metallurgica Sinica (English Letters), 2015, 28(3):381-385.

[58] Kraft S, Zauter R, Mughrabi H. Aspects of high-temperature low-cycle thermomechanical fatigue of a single crystal nickel-base superalloy. International Journal of Fatigue, 1993, 16(2): 237-253.

[59] Sehitoglu H, Boismier D A. Thermo-mechanical fatigue of Mar-M247: Part 2 — Life prediction. Journal of Engineering Materials and Technology, 1990, 12(1): 80-89.

[60] 徐砚博. DD98M 镍基单晶高温合金的组织稳定性与热机械疲劳行为的研究. 北京: 中国科学院大学, 2013.

[61] Zhang J X, Harada H, Koizumi Y, et al. Crack appearance of single-crystal nickel-base superalloys after thermomechanical fatigue failure. Scripta Materialia, 2009, 61(12):1105-1108.

[62] Zhang J X, Harada H, Ro Y, et al. Thermomechanical fatigue mechanism in a modern single crystal nickel base superalloy TMS-82. Acta Materialia, 2008, 56(13):2975-2987.

[63] Zhang J X, Ro Y, Zhou H, et al. Deformation twins and failure due to thermo-mechanical cycling in TMS-75 superalloy. Scripta Materialia, 2006, 54(4):655-660.

[64] Zhang J X, Harada H, Ro Y, et al. Superior thermo-mechanical fatigue property of a superalloy due to its heterogeneous microstructure. Scripta Materialia, 2006, 55(8):731-734.

[65] Liu F, Wang Z G, Ai S H, et al. Thermo-mechanical fatigue of single crystal nickel-based superalloy DD8. Scripta Materialia, 2003, 48(9):1265-1270.

[66] Francois M, Remy L. Thermal-mechanical fatigue of mar-m 509 superalloy. Comparison with low-cycle fatigue behaviour. Fatigue & Fracture of Engineering Materials & Structures, 1991, 14(1):115-129.

[67] Fleury E, Remy L. Behavior of nickel-base superalloy single crystals under thermal-mechanical fatigue. Metallurgical and Materials Transactions A (Physical Metallurgy and Materials Science), 1994, 25(1): 99-109.

[68] Segersäll M, Leidermark D, Moverare J J. Influence of crystal orientation on the thermomechanical fatigue behaviour in a single-crystal superalloy. Materials Science and Engineering A, 2015, 623:68-77.

[69] 赵新宝, 高斯峰, 杨初斌, 等. 镍基单晶高温合金晶体取向的选择及其控制. 中国材料进

展, 2013, 32(1):24-38.

[70] Shi Z X, Liu S Z, Yu J, et al. Tensile behavior of the second generation single crystal superalloy DD6. Transactions of Nonferrous Metals Society of China, 2011, 21(5): 998-1003.

[71] Tang D Z, Li J R, Wu Z T, et al. Low cost second generation single crystal superalloy DD398. Journal of Materials Engineering, 1999, 3: 8-10.

[72] 于慧臣, 吴学仁. 航空发动机设计用材料数据手册(第四册). 北京: 航空工业出版社, 2010.

[73] Xiong X, Quan D, Dai P, et al. Tensile behavior of nickel-base single-crystal superalloy DD6. Materials Science and Engineering A, 2015, 636: 608-612.

[74] Hopgood A A, Martin J W. The creep behaviour of a nickel-based single-crystal superalloy. Material Science and Engineering, 1986, 82: 27-36.

[75] 胡春燕, 刘新灵, 陶春虎, 等. 气膜孔分布对 DD6 单晶高温合金持久性能及断裂行为的影响. 材料工程, 2016, 44(5):93-100.

[76] 张斌, 王荣桥, 胡殿印, 等. 基于耦合损伤的镍基单晶高温合金同相热机械疲劳寿命预测. 稀有金属材料与工程, 2019, 48(12): 3889-3894.

[77] Shi Z, Li J, Liu S. Effect of long term aging on microstructure and stress rupture properties of a nickel based single crystal superalloy. Progress in Natural Science: Materials International, 2012, 22(5): 426-432.

[78] Boismier D A, Sehitoglu H. Thermo-mechanical fatigue of Mar-M247: Part 1 — Experiments. Journal of Engineering Materials and Technology, 1990, 12(1): 68-79.

第3章　镍基单晶高温合金热机械疲劳变形行为模拟

在高温服役过程中，镍基单晶涡轮叶片的扰流柱、气膜冷却孔等结构特征部位存在复杂的黏塑性变形行为，模拟这些部位的变形行为首先要求镍基单晶高温合金的本构模型具有较高的精度。由于基于晶体滑移理论的 Walker 黏塑性本构模型不涉及材料的屈服面，形式较为简单，能够很好地描述棘轮效应和应力松弛现象，并且国外学者已采用 PWA1480、Hastelloy-X 等多种镍基单晶高温合金对其进行了广泛验证[1-5]，故本章在总结各向异性黏塑性本构理论的发展历程、基于晶体滑移理论的本构模型的建立以及有限元实现的基础上，进一步选取基于晶体滑移理论的 Walker 模型描述以 DD6 为代表的镍基单晶高温合金的热机械疲劳变形行为。

3.1　各向异性黏塑性本构理论的发展

材料在载荷作用下产生的不可恢复变形称为非弹性变形。基于经典的弹塑性理论和蠕变理论[6,7]，非弹性变形分成两部分：与时间无关的塑性变形和与时间相关的蠕变变形。通常，塑性变形和蠕变变形被单独考虑。事实证明，材料在机械载荷和温度载荷的耦合作用下，蠕变应变与塑性应变相互影响，从而呈现循环硬化/软化、热恢复和率敏感性等现象[8]。

为此，研究人员在材料力学试验基础上建立了唯象的黏塑性本构模型。黏塑性本构模型基于热力学原理，将材料的变形分为弹性变形和非弹性变形两部分，弹性变形符合胡克定律，非弹性变形满足流动法则，并采用内变量表示硬化。现在应用比较广泛的黏塑性本构模型主要有 Walker 模型[8]、Chaboche 模型[9]、Miller 模型[10,11]、Bodner-Partom 模型[12,13]、Krieg-Swearengen-Rohde 模型[14]、Lee-Zaverl 模型[15]、Cernocky-Krempl 模型[16]、Hart 模型[17]和 Valanis 模型[18]等。美国路易斯研究中心在 1980～1987 年进行的发动机热端技术研究计划(Hot Section Technology Program，HOST)中对黏塑性本构模型进行了全面研究，通过与试验结果对比发现 Walker 模型能够较好地描述镍基高温合金在高温下的变形行为[8]。

上述黏塑性本构模型是针对各向同性材料提出的。为了对镍基单晶高温合金的变形行为进行准确描述，需要在模型中引入表征正交各向异性的参量。目前，单晶黏塑性本构模型主要有两种形式：基于宏观力学修正的唯象模型和基于晶体滑移理论的晶体学模型。

经典的不考虑各向异性的黏塑性本构模型中，流动法则表示为

$$\dot{c} = \lambda \frac{\partial \Omega(\boldsymbol{\sigma}, \boldsymbol{\varepsilon}, \boldsymbol{c}, V, T)}{\partial \boldsymbol{\sigma}} \tag{3.1}$$

式中，$\boldsymbol{\sigma}$ 为应力张量；$\boldsymbol{\varepsilon}$ 为应变张量；$\boldsymbol{c}$ 为非弹性应变张量；V 为模型内变量；T 为温度；Ω 为广义的黏塑性势函数；λ 为一个非负的乘子。

为了描述镍基单晶高温合金力学性能随晶体取向的变化，在本构模型中引入正交各向异性张量。Baltov 等[19]通过引入一个四阶正定常数矩阵的方法表征材料的各向异性。此后，用于描述镍基单晶高温合金变形行为的宏观黏塑性本构模型多数都采用类似的方法进行修正。文献[20]和[21]介绍了 Lee 和 Zaverl 等在 Walker 模型中引入一个四阶正交各向异性张量 M，用于描述镍基单晶高温合金变形行为的正交各向异性特征。这种修正方法可以表示为

$$\dot{c} = \lambda \frac{\partial \Omega(\boldsymbol{\sigma}, \boldsymbol{\varepsilon}, \boldsymbol{c}, M, V, T)}{\partial \boldsymbol{\sigma}} \tag{3.2}$$

在上述思想的基础上，周柏卓等分别采用一个和两个四阶正交各向异性张量对 Walker 模型进行了修正，并引入损伤变量用于 DD3 在单轴拉伸、蠕变以及循环拉压载荷下变形行为的模拟[22-24]；李海燕[25]根据 Walker 模型中非弹性应变率方程形式的特征，采用考虑方向硬化项的 Hill 屈服等效应力代替原有的 Mises 屈服等效应力来表征材料的正交各向异性。

基于宏观力学修正的唯象本构模型最主要的问题是如何恰当地选取四阶正交各向异性张量。由于唯象模型中的变量均为宏观量，可以充分利用宏观材料试验数据，如单轴拉伸/循环应力-应变曲线、蠕变曲线以及应力松弛曲线等，进行本构模型材料常数的获取及模型的验证。但是，唯象模型中不包含反映材料微细观变形机制的参量，无法描述镍基单晶高温合金在变形过程中的晶体滑移等现象。

目前，应用比较广泛的单晶本构模型为基于晶体滑移理论的晶体学模型，这类模型通过晶体的滑移描述镍基单晶高温合金的非弹性变形，能够很好地反映其细观变形特征。

在晶体塑性理论[26]的基础上，Walker 等[1]假设八面体滑移系和六面体滑移系上的分切应力与非弹性剪切应变率(滑移剪切应变率)服从与各向同性 Walker 黏塑性本构模型[8]相似的流动法则，提出了基于晶体滑移理论的 Walker 模型，并采用该模型对 PWA1480 在不同应变率下单轴拉伸-压缩和纯扭转变形行为进行了模拟。其流动法则可以表示为

$$\begin{cases} \dot{\gamma}_r^o = f\left(\pi_r^o, V_r^o, T\right) \\ \dot{\gamma}_r^c = f\left(\pi_r^c, V_r^c, T\right) \end{cases} \tag{3.3}$$

式中，$\dot{\gamma}_r^o$、$\dot{\gamma}_r^c$ 分别为八面体、六面体的第 r 个滑移系上的非弹性剪切应变率；π_r^o、π_r^c 分别为八面体、六面体的第 r 个滑移系上的分切应力；V_r^o、V_r^c 分别为八面体、六面体的第 r 个滑移系上的内变量分量。Jordan 等[2]采用基于晶体滑移理论的 Walker 模型对 Hastelloy-X 镍基单晶高温合金在单轴拉伸-压缩、纯扭转及双轴拉伸-扭转载荷下的变形行为进行了模拟。此后，Jordan 等[5]对基于晶体滑移理论的 Walker 模型中的八面体滑移系阻应力演化方程进行了简化，使其便于模型材料常数获取和工程应用；为了描述热机械疲劳载荷下镍基单晶高温合金的变形行为，在八面体滑移系背应力演化方程中增加了包含滑移系分切应力的项，用于提高对热机械疲劳棘轮现象的预测能力。

虽然基于晶体滑移理论的黏塑性本构模型在模拟材料宏观的循环变形行为时有较好的结果，但是其在反映微细观的物理机制上存在困难。在基于晶体滑移理论的黏塑性本构模型中，滑移系分解分切应力与滑移剪切应变直接通过唯象的本构关系给出，不能反映位错运动导致晶体滑移的本质[27]。为此，Ghosh 等基于位错动力学理论，假设材料的滑移变形完全来自于位错的运动，通过微观物理过程造成的可动位错密度的增加/减少描述材料的硬化/软化，根据位错密度的演化规律建立了基于位错机制的晶体学模型[28-30]。目前该类模型主要用于对镍基单晶高温合金蠕变行为的描述[31]。

由于晶体塑性理论的推导是针对单相材料的，上述模型在应用于具有两相结构的镍基单晶高温合金时，均没有考虑晶胞内部 γ 相和 γ′ 相材料的性能与应力分布的不均匀性。对于单晶两相合金微结构力学行为的模拟可以采用类似复合材料力学的处理方法：将镍基单晶高温合金看成由 γ 相和 γ′ 相组成的"复合物"，建立代表性体积元模型，对 γ 相和 γ′ 相采用不同的材料本构模型(γ 相采用基于位错机制的晶体学模型或黏塑性本构模型，γ′ 相采用线弹性本构模型)进行分析。在该方面，Busso 等开展了大量研究工作[32-38]。

镍基单晶高温合金在变形过程中会发生微结构的变化，如蠕变时出现的"筏化"现象[31]。为了引入微结构演化对镍基单晶高温合金性能的影响，近年来发展出一种"微结构敏感模型"(microstructural sensitive model)[39-43]，其主要的处理方法是在原有的基于晶体滑移理论的黏塑性本构模型和基于位错机制的晶体学模型中引入表征微结构演化的参量。Fedelich[39]针对两相镍基单晶高温合金，以 γ 相和 γ′ 相组成的单胞为研究对象，在基于位错机制的晶体学模型引入包含 γ 相和 γ′ 相尺寸及体积分数的项，并将其用于镍基单晶高温合金 SRR99 变形行为的模拟。此后，Fedelich 等[40]又在八面体滑移系的流动法则中引入包含 γ 相通道宽度的 Orowan 应力，给出了与 γ′ 相形态变化相关的 γ 相通道宽度的演化方程，并采用该模型对镍基单晶高温合金 CMSX-4 的蠕变行为和长时压缩保载疲劳载荷下的变形行为进行了模拟。此外，Cormier 等[43]在基于晶体滑移理论的 Chaboche 模型的各向同性硬化演化方程中引入 Orowan 应力项，结合长时蠕变试验观测结果，给出了 γ′ 相在等温和不等温条件下的形态演化方程；假设 γ 相通道宽度只与 γ′ 相的体积分数有关，得到 γ 相通道宽度的演化方程；在流动法则中引入蠕变损伤项，对镍基单晶高温合金 MC2 等温/不等温蠕变行为进行了模拟。

基于位错机制的晶体学模型和微结构敏感模型中含有大量的微观材料常数，可用于反映变形过程中滑移的微观物理过程和微结构变化。但这些材料常数获取难度较大，限制了上述两种模型在工程中的应用。

3.2　基于晶体滑移理论的本构模型

3.2.1　晶体滑移理论

晶体滑移理论最早由 Taylor 等[44-47]、Schmid 等[48]提出。在此基础上，建立在变形几何学与运动学的严格论证由 Hill 等[49, 50]与 Rice[51]完成。Asaro 等[52-54]、Peirce 等[55]针对晶体塑性本构模型著有重要的综述。

晶体滑移理论认为，材料的非弹性流动来自晶格中的位错运动。与此同时，晶格本身也发生弹性变形和旋转[56]。因此，晶体总变形梯度 $\boldsymbol{F}$ 可以表示为

$$\boldsymbol{F}=\boldsymbol{F}^e \cdot \boldsymbol{F}^p \tag{3.4}$$

式中，$\boldsymbol{F}^e$ 为由晶格畸变和晶格的刚体转动产生的变形梯度；$\boldsymbol{F}^p$ 为晶体沿着滑移方向的均匀剪切所对应的变形梯度。需要指出的是，从微观的角度观察到滑移变形很不均匀，在两个滑移带之间的晶体没有滑移变形，但从细观的角度讲，晶粒内部有大量平行的滑移带，因此其产生的宏观效应可认为是均匀的。

将晶粒变形前第 r 个滑移系滑移方向的单位向量记作 $\boldsymbol{m}_r$，该滑移面的单位法向量记作 $\boldsymbol{n}_r$。晶格畸变后，滑移系的滑移方向和滑移面法方向分别记作 $\boldsymbol{m}_r^*$ 与 $\boldsymbol{n}_r^*$。$\boldsymbol{m}_r^*$ 与 $\boldsymbol{n}_r^*$ 满足：

$$\boldsymbol{m}_r^* = \boldsymbol{F}^e \cdot \boldsymbol{m}_r \tag{3.5}$$

$$\boldsymbol{n}_r^* = ((\boldsymbol{F}^e)^{-1})^{\mathrm{T}} \cdot \boldsymbol{n}_r \tag{3.6}$$

晶格畸变后，滑移系的滑移方向 $\boldsymbol{m}_r^*$ 和滑移面法方向 $\boldsymbol{n}_r^*$ 并不一定是单位向量。但是由式(3.5)和式(3.6)易证，变形后 $\boldsymbol{m}_r^*$ 与 $\boldsymbol{n}_r^*$ 仍然正交。

将速度梯度记作 $\boldsymbol{L}$，$\boldsymbol{L}$ 可以表示为

$$\boldsymbol{L}=\frac{\partial \boldsymbol{v}}{\partial \boldsymbol{x}}=\frac{\partial \boldsymbol{v}}{\partial \boldsymbol{X}} \cdot \frac{\partial \boldsymbol{X}}{\partial \boldsymbol{x}}=\dot{\boldsymbol{F}} \cdot \boldsymbol{F}^{-1} \tag{3.7}$$

式中，$\boldsymbol{X}$ 与 $\boldsymbol{x}$ 分别为初始构型坐标与现时构型坐标；$\boldsymbol{v}$ 为物质点的运动速度。类

似于变形梯度的分解，速度梯度也可以分解成滑移与晶格畸变加刚体转动这两种机制对应的两部分。将式(3.3)代入式(3.7)中，有

$$L = \dot{F} \cdot F^{-1} = \dot{F}^e \cdot (F^e)^{-1} + F^e \cdot \dot{F}^p \cdot (F^p)^{-1} \cdot (F^e)^{-1} = L^e + L^p \tag{3.8}$$

式中，

$$L^e = \dot{F}^e \cdot (F^e)^{-1} \tag{3.9}$$

$$L^p = F^e \cdot \dot{F}^p \cdot (F^p)^{-1} \cdot (F^e)^{-1} \tag{3.10}$$

随后建立各滑移系中滑移引起的剪切应变与整体塑性变形的联系。可以证明

$$\dot{F}^p \cdot (F^p)^{-1} = \sum_{r=1}^{N} \dot{\gamma}_r \boldsymbol{m}_r \otimes \boldsymbol{n}_r \tag{3.11}$$

式中，$\dot{\gamma}_r$ 为第 r 个滑移系的滑移剪切应变率；N 为激活的滑移系总个数。

由式(3.5)、式(3.6)和式(3.11)可得

$$L^p = F^e \cdot \dot{F}^p \cdot (F^p)^{-1} \cdot (F^e)^{-1} = \sum_{r=1}^{N} \dot{\gamma}_r \boldsymbol{m}_r^* \otimes \boldsymbol{n}_r^* \tag{3.12}$$

速度梯度可以分解为一个对称部分和一个反对称部分之和，即

$$L = \frac{1}{2}\left(L + L^{\mathrm{T}}\right) + \frac{1}{2}\left(L - L^{\mathrm{T}}\right) \tag{3.13}$$

式中，

$$L + L^{\mathrm{T}} = 2D \tag{3.14}$$

$$L - L^{\mathrm{T}} = 2W \tag{3.15}$$

D 为变形率张量；W 为旋率张量。故有

$$L = D + W \tag{3.16}$$

$$D = D^e + D^p \tag{3.17}$$

$$D^e = \frac{1}{2}\left(\dot{F}^e \cdot (F^e)^{-1} + ((F^e)^{\mathrm{T}})^{-1} \cdot (\dot{F}^e)^{\mathrm{T}}\right) \tag{3.18}$$

$$D^p = \sum_{r=1}^{N} P_r \dot{\gamma}_r \tag{3.19}$$

其中，

$$P_r = \frac{1}{2}\left(\boldsymbol{m}_r^* \otimes \boldsymbol{n}_r^* + \boldsymbol{n}_r^* \otimes \boldsymbol{m}_r^*\right) \tag{3.20}$$

$$W = W^e + W^p \tag{3.21}$$

$$W^e = \frac{1}{2}\left(\dot{F}^e \cdot (F^e)^{-1} - ((F^e)^{\mathrm{T}})^{-1} \cdot (\dot{F}^e)^{\mathrm{T}}\right) \tag{3.22}$$

$$W^p = \sum_{r=1}^{N} W_r \dot{\gamma}_r \tag{3.23}$$

$$W_r = \frac{1}{2}\left(m_r^* \otimes n_r^* - n_r^* \otimes m_r^*\right) \tag{3.24}$$

通过式(3.16)~式(3.24)可以建立滑移剪切应变率与宏观变形之间的关系。

一般认为晶体的弹性变形不受滑移变形的影响，因此可以将弹性本构关系写为

$$\hat{\sigma}^e = \mathbf{EMT} : D^e \tag{3.25}$$

式中，$\mathbf{EMT}$ 为瞬时的弹性模量张量(elastic modulus tensor)；$\hat{\sigma}^e$ 为以中间构型为基准状态的 Kirchhoff 应力张量的 Jaumann 导数，即

$$\hat{\sigma}^e = \dot{\sigma} - W^e \cdot \sigma + \sigma \cdot W^e \tag{3.26}$$

而以初始构型为基础的 Cauchy 应力张量的 Jaumann 导数为

$$\hat{\sigma} = \dot{\sigma} - W \cdot \sigma + \sigma \cdot W \tag{3.27}$$

由此可得

$$\hat{\sigma}^e = \hat{\sigma} + W^p \cdot \sigma - \sigma \cdot W^p \tag{3.28}$$

由式(3.23)和式(3.28)有

$$\hat{\sigma}^e = \hat{\sigma} + \sum_{r=1}^{N} B_r \dot{\gamma}_r \tag{3.29}$$

式中，

$$B_r = W_r \cdot \sigma - \sigma \cdot W_r \tag{3.30}$$

将式(3.17)、式(3.19)和式(3.28)代入式(3.25)中，有

$$\hat{\sigma} = \mathbf{EMT} : D - \sum_{r=1}^{N}\left[\mathbf{EMT} : P_r + B_r\right]\dot{\gamma}_r \tag{3.31}$$

通过上述变形，将问题转化为求解各滑移系的剪切应变率。考虑到不同的模型采用了不同的函数描述滑移系剪切应变率与应力以及各种内变量的关系，在具体问题的研究中应采用合适的模型。

3.2.2　不同坐标系下力学参量之间的关系

基于晶体滑移理论的本构模型主要涉及以下三个坐标系：

(1) 总体坐标系(结构坐标系)，用于描述材料受载方向。

(2) 晶体坐标系(材料坐标系)，用于定义材料主轴(记为[100]、[010]和[001])方向。沿晶体轴的 X、Y、Z 方向的三个单位矢量分别记作 i、j 和 k。

(3) 滑移坐标系，用于确定晶体滑移开动的方向，坐标轴记为 m、n、z，单位矢量为 m_r^α、n_r^α、z_r^α；其中，α 表示滑移系的类型，r 表示滑移系的编号，m_r^α 为滑移方向矢量，n_r^α 为滑移面法向矢量，$z_r^\alpha = m_r^\alpha \times n_r^\alpha$。

晶体中一个滑移面及该面上一个滑移方向的组合称一个滑移系。对于面心立

方晶体，在基于晶体滑移理论的本构模型中主要涉及 12 个八面体滑移系(图 3.1)和 6 个六面体滑移系(图 3.2)。对于八面体滑移系，$\alpha=o$，$r=1\sim12$；对于六面体滑移系，$\alpha=c$，$r=1\sim6$。各个滑移系的单位矢量如表 3.1 和表 3.2 所示。

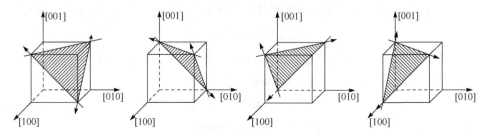

图 3.1　八面体滑移系示意图

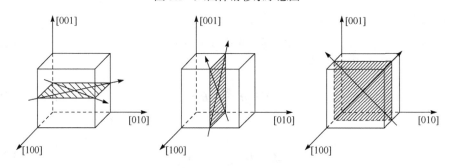

图 3.2　六面体滑移系示意图

表 3.1　八面体滑移系单位矢量

r	m	n	z
1	$\left(1/\sqrt{2}\quad 0\quad -1/\sqrt{2}\right)^{\mathrm{T}}$	$\left(1/\sqrt{3}\quad 1/\sqrt{3}\quad 1/\sqrt{3}\right)^{\mathrm{T}}$	$\left(1/\sqrt{6}\quad -2/\sqrt{6}\quad 1/\sqrt{6}\right)^{\mathrm{T}}$
2	$\left(-1/\sqrt{2}\quad 1/\sqrt{2}\quad 0\right)^{\mathrm{T}}$	$\left(1/\sqrt{3}\quad 1/\sqrt{3}\quad 1/\sqrt{3}\right)^{\mathrm{T}}$	$\left(1/\sqrt{6}\quad 1/\sqrt{6}\quad -2/\sqrt{6}\right)^{\mathrm{T}}$
3	$\left(0\quad -1/\sqrt{2}\quad 1/\sqrt{2}\right)^{\mathrm{T}}$	$\left(1/\sqrt{3}\quad 1/\sqrt{3}\quad 1/\sqrt{3}\right)^{\mathrm{T}}$	$\left(-2/\sqrt{6}\quad 1/\sqrt{6}\quad 1/\sqrt{6}\right)^{\mathrm{T}}$
4	$\left(0\quad 1/\sqrt{2}\quad -1/\sqrt{2}\right)^{\mathrm{T}}$	$\left(-1/\sqrt{3}\quad 1/\sqrt{3}\quad 1/\sqrt{3}\right)^{\mathrm{T}}$	$\left(2/\sqrt{6}\quad 1/\sqrt{6}\quad 1/\sqrt{6}\right)^{\mathrm{T}}$
5	$\left(-1/\sqrt{2}\quad -1/\sqrt{2}\quad 0\right)^{\mathrm{T}}$	$\left(-1/\sqrt{3}\quad 1/\sqrt{3}\quad 1/\sqrt{3}\right)^{\mathrm{T}}$	$\left(-1/\sqrt{6}\quad 1/\sqrt{6}\quad -2/\sqrt{6}\right)^{\mathrm{T}}$
6	$\left(1/\sqrt{2}\quad 0\quad 1/\sqrt{2}\right)^{\mathrm{T}}$	$\left(-1/\sqrt{3}\quad 1/\sqrt{3}\quad 1/\sqrt{3}\right)^{\mathrm{T}}$	$\left(-1/\sqrt{6}\quad -2/\sqrt{6}\quad 1/\sqrt{6}\right)^{\mathrm{T}}$

续表

r	m	n	z
7	$\left(-1/\sqrt{2} \quad 0 \quad -1/\sqrt{2}\right)^{\mathrm{T}}$	$\left(-1/\sqrt{3} \quad -1/\sqrt{3} \quad 1/\sqrt{3}\right)^{\mathrm{T}}$	$\left(-1/\sqrt{6} \quad 2/\sqrt{6} \quad 1/\sqrt{6}\right)^{\mathrm{T}}$
8	$\left(1/\sqrt{2} \quad -1/\sqrt{2} \quad 0\right)^{\mathrm{T}}$	$\left(-1/\sqrt{3} \quad -1/\sqrt{3} \quad 1/\sqrt{3}\right)^{\mathrm{T}}$	$\left(-1/\sqrt{6} \quad -1/\sqrt{6} \quad -2/\sqrt{6}\right)^{\mathrm{T}}$
9	$\left(0 \quad 1/\sqrt{2} \quad 1/\sqrt{2}\right)^{\mathrm{T}}$	$\left(-1/\sqrt{3} \quad -1/\sqrt{3} \quad 1/\sqrt{3}\right)^{\mathrm{T}}$	$\left(2/\sqrt{6} \quad -1/\sqrt{6} \quad 1/\sqrt{6}\right)^{\mathrm{T}}$
10	$\left(0 \quad -1/\sqrt{2} \quad -1/\sqrt{2}\right)^{\mathrm{T}}$	$\left(1/\sqrt{3} \quad -1/\sqrt{3} \quad 1/\sqrt{3}\right)^{\mathrm{T}}$	$\left(-2/\sqrt{6} \quad -1/\sqrt{6} \quad 1/\sqrt{6}\right)^{\mathrm{T}}$
11	$\left(1/\sqrt{2} \quad 1/\sqrt{2} \quad 0\right)^{\mathrm{T}}$	$\left(1/\sqrt{3} \quad -1/\sqrt{3} \quad 1/\sqrt{3}\right)^{\mathrm{T}}$	$\left(1/\sqrt{6} \quad -1/\sqrt{6} \quad -2/\sqrt{6}\right)^{\mathrm{T}}$
12	$\left(-1/\sqrt{2} \quad 0 \quad 1/\sqrt{2}\right)^{\mathrm{T}}$	$\left(1/\sqrt{3} \quad -1/\sqrt{3} \quad 1/\sqrt{3}\right)^{\mathrm{T}}$	$\left(1/\sqrt{6} \quad 2/\sqrt{6} \quad 1/\sqrt{6}\right)^{\mathrm{T}}$

表 3.2 六面体滑移系单位矢量

r	m	n	z
1	$\left(1/\sqrt{2} \quad 1/\sqrt{2} \quad 0\right)^{\mathrm{T}}$	$\left(0 \quad 0 \quad 1\right)^{\mathrm{T}}$	$\left(1/\sqrt{2} \quad -1/\sqrt{2} \quad 0\right)^{\mathrm{T}}$
2	$\left(-1/\sqrt{2} \quad 1/\sqrt{2} \quad 0\right)^{\mathrm{T}}$	$\left(0 \quad 0 \quad 1\right)^{\mathrm{T}}$	$\left(1/\sqrt{2} \quad 1/\sqrt{2} \quad 0\right)^{\mathrm{T}}$
3	$\left(1/\sqrt{2} \quad 0 \quad 1/\sqrt{2}\right)^{\mathrm{T}}$	$\left(0 \quad 1 \quad 0\right)^{\mathrm{T}}$	$\left(-1/\sqrt{2} \quad 0 \quad 1/\sqrt{2}\right)^{\mathrm{T}}$
4	$\left(-1/\sqrt{2} \quad 0 \quad 1/\sqrt{2}\right)^{\mathrm{T}}$	$\left(0 \quad 1 \quad 0\right)^{\mathrm{T}}$	$\left(-1/\sqrt{2} \quad 0 \quad -1/\sqrt{2}\right)^{\mathrm{T}}$
5	$\left(0 \quad 1/\sqrt{2} \quad 1/\sqrt{2}\right)^{\mathrm{T}}$	$\left(1 \quad 0 \quad 0\right)^{\mathrm{T}}$	$\left(0 \quad 1/\sqrt{2} \quad -1/\sqrt{2}\right)^{\mathrm{T}}$
6	$\left(0 \quad -1/\sqrt{2} \quad 1/\sqrt{2}\right)^{\mathrm{T}}$	$\left(1 \quad 0 \quad 0\right)^{\mathrm{T}}$	$\left(0 \quad 1/\sqrt{2} \quad 1/\sqrt{2}\right)^{\mathrm{T}}$

基于晶体滑移理论的变形分析首先需要建立滑移系上分切应变和宏观连续介质力学中应变的关系，以及宏观连续介质力学中应力和滑移系上分切应力的关系。这两个尺度的参量之间通过取向因子 P_r 建立联系。取向因子 P_r 的定义如式(3.20)所示。

为了方便读者查阅，表 3.3 和表 3.4 列出了不同滑移系族的取向因子 P_r。

表 3.3　八面体滑移系族的取向因子

序号	矩阵	序号	矩阵
1	$P_1 = \dfrac{1}{2\sqrt{6}}\begin{pmatrix} 2 & 1 & 0 \\ 1 & 0 & -1 \\ 0 & -1 & -2 \end{pmatrix}$	7	$P_7 = \dfrac{1}{2\sqrt{6}}\begin{pmatrix} 2 & 0 & -1 \\ 0 & -2 & -1 \\ -1 & -1 & 0 \end{pmatrix}$
2	$P_2 = \dfrac{1}{2\sqrt{6}}\begin{pmatrix} 0 & -1 & 1 \\ -1 & -2 & 0 \\ 1 & 0 & 2 \end{pmatrix}$	8	$P_8 = \dfrac{1}{2\sqrt{6}}\begin{pmatrix} 0 & -1 & 1 \\ -1 & 2 & 0 \\ 1 & 0 & -2 \end{pmatrix}$
3	$P_3 = \dfrac{1}{2\sqrt{6}}\begin{pmatrix} 2 & 0 & 1 \\ 0 & -2 & -1 \\ 1 & -1 & 0 \end{pmatrix}$	9	$P_9 = \dfrac{1}{2\sqrt{6}}\begin{pmatrix} 2 & -1 & 0 \\ -1 & 0 & -1 \\ 0 & -1 & -2 \end{pmatrix}$
4	$P_4 = \dfrac{1}{2\sqrt{6}}\begin{pmatrix} -2 & 1 & 0 \\ 1 & 0 & -1 \\ 0 & -1 & 2 \end{pmatrix}$	10	$P_{10} = \dfrac{1}{2\sqrt{6}}\begin{pmatrix} 0 & -1 & -1 \\ -1 & -2 & 0 \\ -1 & 0 & 2 \end{pmatrix}$
5	$P_5 = \dfrac{1}{2\sqrt{6}}\begin{pmatrix} -2 & 0 & -1 \\ 0 & 2 & -1 \\ -1 & -1 & 0 \end{pmatrix}$	11	$P_{11} = \dfrac{1}{2\sqrt{6}}\begin{pmatrix} -2 & -1 & 0 \\ -1 & 0 & -1 \\ 0 & -1 & 2 \end{pmatrix}$
6	$P_6 = \dfrac{1}{2\sqrt{6}}\begin{pmatrix} 0 & -1 & -1 \\ -1 & 2 & 0 \\ -1 & 0 & -2 \end{pmatrix}$	12	$P_{12} = \dfrac{1}{2\sqrt{6}}\begin{pmatrix} -2 & 0 & 1 \\ 0 & 2 & -1 \\ 1 & -1 & 0 \end{pmatrix}$

表 3.4　六面体滑移系族的取向因子

序号	矩阵	序号	矩阵
1	$P_1 = \dfrac{1}{2\sqrt{2}}\begin{pmatrix} 0 & 1 & 1 \\ 1 & 0 & 0 \\ 1 & 0 & 0 \end{pmatrix}$	4	$P_4 = \dfrac{1}{2\sqrt{2}}\begin{pmatrix} 0 & 1 & 0 \\ 1 & 0 & -1 \\ 0 & -1 & 0 \end{pmatrix}$
2	$P_2 = \dfrac{1}{2\sqrt{2}}\begin{pmatrix} 0 & 1 & -1 \\ 1 & 0 & 0 \\ -1 & 0 & 0 \end{pmatrix}$	5	$P_5 = \dfrac{1}{2\sqrt{2}}\begin{pmatrix} 0 & 0 & 1 \\ 0 & 0 & 1 \\ 1 & 1 & 0 \end{pmatrix}$
3	$P_3 = \dfrac{1}{2\sqrt{2}}\begin{pmatrix} 0 & 1 & 0 \\ 1 & 0 & 1 \\ 0 & 1 & 0 \end{pmatrix}$	6	$P_6 = \dfrac{1}{2\sqrt{2}}\begin{pmatrix} 0 & 0 & -1 \\ 0 & 0 & 1 \\ -1 & 1 & 0 \end{pmatrix}$

　　通过取向因子建立滑移系上分切应变和宏观连续介质力学中应变的关系，以及宏观连续介质力学中应力和滑移系上分切应力的关系，这个过程由式(3.32)和式(3.33)实现：

$$\pi_r = \boldsymbol{\sigma}_c : \boldsymbol{P}_r \tag{3.32}$$

$$\dot{c}^S = \sum_{r=1}^{N_s} \dot{\gamma}_r \boldsymbol{P} \tag{3.33}$$

式中，π_r 为滑移系上的分切应力；$\boldsymbol{\sigma}_c$ 为晶轴系下的应力张量；$\dot{\boldsymbol{\varepsilon}}^S$ 为非弹性应变；$\dot{\gamma}_r$ 为各滑移系的剪切应变率；$\boldsymbol{P}_r$ 为上述的取向因子。

在商用有限元软件中，晶体坐标系可以通过在 MSC.Marc、ABAQUS 等有限元软件的整体坐标系中定义单元取向或在 ANSYS 等有限元软件的整体坐标系中定义单元坐标系实现，从而晶体坐标系与整体坐标系中力学参量的转换可以由软件自动完成。

3.3　基于晶体滑移理论的 Walker 模型及其有限元实现

3.3.1　本构方程

基于晶体滑移理论的 Walker 模型中主要涉及 12 个八面体滑移系和 6 个六面体滑移系。第 r 个八面体滑移系上的滑移剪切应变率、背应力和阻应力的演化方程[5]为

$$\dot{\gamma}_r^o = \left| \frac{\pi_r^o - \omega_r^o}{K_r^o} \right|^{n-1} \left(\frac{\pi_r^o - \omega_r^o}{K_r^o} \right) \tag{3.34}$$

$$\dot{\omega}_r^o = \rho_1^o \dot{\gamma}_r^o - \rho_2^o \left| \dot{\gamma}_r^o \right| \omega_r^o - \rho_3^o \left| \omega_r^o \right|^{p-1} \omega_r^o \tag{3.35}$$

$$K_r^o = K_0^o + \rho_4^o \pi_{nz}^r + \rho_5^o \left| \Psi_r \right| \tag{3.36}$$

式中，n、p、ρ_1^o、ρ_2^o、ρ_3^o、ρ_4^o、ρ_5^o、K_0^o 为与温度相关的八面体滑移系材料常数；$\pi_r^o = \pi_{mn}^r$ 为八面体 Schmid 应力；$\dot{\gamma}_r^o$ 为第 r 个八面体滑移系上的滑移剪切应变率；ω_r^o、K_r^o 分别为第 r 个八面体滑移系上的背应力和阻应力；Ψ_r 为 Takeuchi-Kuramoto 应力，如表 3.5 所示，其中 $\boldsymbol{i}$、$\boldsymbol{j}$、$\boldsymbol{k}$ 分别为晶体坐标系三个方向的单位向量；π_{nz}^r 和 Ψ_r 反映了流动应力的不对称性。

表 3.5　Takeuchi-Kuramoto 应力

序号	表达式	序号	表达式
1	$\Psi_1 = \left(m_1^o\right)^{\mathrm{T}} \sigma j$	7	$\Psi_7 = \left(m_7^o\right)^{\mathrm{T}} \sigma j$
2	$\Psi_2 = \left(m_2^o\right)^{\mathrm{T}} \sigma k$	8	$\Psi_8 = \left(m_8^o\right)^{\mathrm{T}} \sigma k$
3	$\Psi_3 = \left(m_3^o\right)^{\mathrm{T}} \sigma i$	9	$\Psi_9 = \left(m_9^o\right)^{\mathrm{T}} \sigma i$
4	$\Psi_4 = \left(m_4^o\right)^{\mathrm{T}} \sigma i$	10	$\Psi_{10} = \left(m_{10}^o\right)^{\mathrm{T}} \sigma i$
5	$\Psi_5 = \left(m_5^o\right)^{\mathrm{T}} \sigma k$	11	$\Psi_{11} = \left(m_{11}^o\right)^{\mathrm{T}} \sigma k$
6	$\Psi_6 = \left(m_6^o\right)^{\mathrm{T}} \sigma j$	12	$\Psi_{12} = \left(m_{12}^o\right)^{\mathrm{T}} \sigma j$

同理，第 r 个六面体滑移系上的滑移剪切应变率、背应力和阻应力的演化方程[5]为

$$\dot{\gamma}_r^c = \left| \frac{\pi_r^c - \omega_r^c}{K_r^c} \right|^{m-1} \left(\frac{\pi_r^c - \omega_r^c}{K_r^c} \right) \tag{3.37}$$

$$\dot{\omega}_r^c = \rho_1^c \dot{\gamma}_r^c - \rho_2^c \left| \dot{\gamma}_r^c \right| \omega_r^c - \rho_3^c \left| \omega_r^c \right|^{q-1} \omega_r^c \tag{3.38}$$

$$K_r^c = K_0^c \tag{3.39}$$

式中，$r = 1 \sim 6$；m、q、ρ_1^c、ρ_2^c、ρ_3^c、K_0^c 为与温度相关的六面体滑移系材料常数；$\pi_r^c = (\boldsymbol{m}_r^c)^{\mathrm{T}} \boldsymbol{\sigma} \boldsymbol{n}_r^c$ 为第 r 个六面体滑移系上的六面体 Schmid 应力；$\dot{\gamma}_r^c$ 为第 r 个六面体滑移系上的滑移剪切应变率；ω_r^c 和 K_r^c 分别为第 r 个六面体滑移系上的背应力和阻应力。

八面体滑移系及六面体滑移系中的 Schmid 应力都可以写成应力张量 $\boldsymbol{\sigma}$ 与取向因子 $\boldsymbol{P}_r^\alpha$ 标量积的形式(式(3.32))。

将晶体坐标系下的应力张量写成列向量的形式，则八面体滑移系 Schmid 应力为

$$\begin{pmatrix} \pi_1^o \\ \pi_2^o \\ \pi_3^o \\ \pi_4^o \\ \pi_5^o \\ \pi_6^o \\ \pi_7^o \\ \pi_8^o \\ \pi_9^o \\ \pi_{10}^o \\ \pi_{11}^o \\ \pi_{12}^o \end{pmatrix} = \frac{1}{\sqrt{6}} \begin{pmatrix} 1 & 0 & -1 & 1 & -1 & 0 \\ -1 & 1 & 0 & 0 & 1 & -1 \\ 0 & -1 & 1 & -1 & 0 & 1 \\ 0 & 1 & -1 & -1 & 0 & 1 \\ 1 & -1 & 0 & 0 & -1 & -1 \\ -1 & 0 & 1 & 1 & 1 & 0 \\ 1 & 0 & -1 & 1 & 1 & 0 \\ -1 & 1 & 0 & 0 & -1 & 1 \\ 0 & -1 & 1 & -1 & 0 & -1 \\ 0 & 1 & -1 & -1 & 0 & -1 \\ 1 & -1 & 0 & 0 & 1 & 1 \\ -1 & 0 & 1 & 1 & -1 & 0 \end{pmatrix} \begin{pmatrix} \sigma_{11} \\ \sigma_{22} \\ \sigma_{33} \\ \sigma_{12} \\ \sigma_{23} \\ \sigma_{31} \end{pmatrix} \tag{3.40}$$

六面体滑移系 Schmid 应力为

$$
\begin{pmatrix} \pi_1^c \\ \pi_2^c \\ \pi_3^c \\ \pi_4^c \\ \pi_5^c \\ \pi_6^c \end{pmatrix} = \frac{1}{\sqrt{2}} \begin{pmatrix} 0 & 0 & 0 & 0 & 1 & 1 \\ 0 & 0 & 0 & 0 & 1 & -1 \\ 0 & 0 & 0 & 1 & 1 & 0 \\ 0 & 0 & 0 & -1 & 1 & 0 \\ 0 & 0 & 0 & 1 & 0 & 1 \\ 0 & 0 & 0 & -1 & 0 & 1 \end{pmatrix} \begin{pmatrix} \sigma_{11} \\ \sigma_{22} \\ \sigma_{33} \\ \sigma_{12} \\ \sigma_{23} \\ \sigma_{31} \end{pmatrix}
\tag{3.41}
$$

八面体滑移系 non-Schmid 应力为

$$
\begin{pmatrix} \pi_{nz}^1 \\ \pi_{nz}^2 \\ \pi_{nz}^3 \\ \pi_{nz}^4 \\ \pi_{nz}^5 \\ \pi_{nz}^6 \\ \pi_{nz}^7 \\ \pi_{nz}^8 \\ \pi_{nz}^9 \\ \pi_{nz}^{10} \\ \pi_{nz}^{11} \\ \pi_{nz}^{12} \end{pmatrix} = \frac{1}{3\sqrt{2}} \begin{pmatrix} 1 & -2 & 1 & -1 & -1 & 2 \\ 1 & 1 & -2 & 2 & -1 & -1 \\ -2 & 1 & 1 & -1 & 2 & -1 \\ -2 & 1 & 1 & 1 & 2 & 1 \\ 1 & 1 & -2 & -2 & -1 & 1 \\ 1 & -2 & 1 & 1 & -1 & -2 \\ 1 & -2 & 1 & -1 & 1 & -2 \\ 1 & 1 & -2 & 2 & 1 & 1 \\ -2 & 1 & 1 & -1 & -2 & 1 \\ -2 & 1 & 1 & 1 & -2 & -1 \\ 1 & 1 & -2 & -2 & 1 & -1 \\ 1 & -2 & 1 & 1 & 1 & 2 \end{pmatrix} \begin{pmatrix} \sigma_{11} \\ \sigma_{22} \\ \sigma_{33} \\ \sigma_{12} \\ \sigma_{23} \\ \sigma_{31} \end{pmatrix}
\tag{3.42}
$$

Takeuchi-Kuramoto 应力为

$$
\begin{pmatrix} \Psi_1 \\ \Psi_2 \\ \Psi_3 \\ \Psi_4 \\ \Psi_5 \\ \Psi_6 \\ \Psi_7 \\ \Psi_8 \\ \Psi_9 \\ \Psi_{10} \\ \Psi_{11} \\ \Psi_{12} \end{pmatrix} = \frac{1}{\sqrt{2}} \begin{pmatrix} 0 & 0 & 0 & 1 & -1 & 0 \\ 0 & 0 & 0 & 0 & 1 & -1 \\ 0 & 0 & 0 & -1 & 0 & 1 \\ 0 & 0 & 0 & 1 & 0 & -1 \\ 0 & 0 & 0 & 0 & -1 & -1 \\ 0 & 0 & 0 & 1 & 1 & 0 \\ 0 & 0 & 0 & -1 & -1 & 0 \\ 0 & 0 & 0 & 0 & -1 & 1 \\ 0 & 0 & 0 & 1 & 0 & 1 \\ 0 & 0 & 0 & -1 & 0 & -1 \\ 0 & 0 & 0 & 0 & 1 & 1 \\ 0 & 0 & 0 & -1 & 1 & 0 \end{pmatrix} \begin{pmatrix} \sigma_{11} \\ \sigma_{22} \\ \sigma_{33} \\ \sigma_{12} \\ \sigma_{23} \\ \sigma_{31} \end{pmatrix}
\tag{3.43}
$$

晶体塑性变形运动学理论认为材料的非弹性变形完全来源于晶体的滑移[5]，则第 r 个滑移系上的非弹性应变率张量为

$$
\begin{pmatrix} \dot{c}_{mm}^{\alpha} & \dot{c}_{mn}^{\alpha} & \dot{c}_{mz}^{\alpha} \\ \dot{c}_{nm}^{\alpha} & \dot{c}_{nn}^{\alpha} & \dot{c}_{nz}^{\alpha} \\ \dot{c}_{zm}^{\alpha} & \dot{c}_{zn}^{\alpha} & \dot{c}_{zz}^{\alpha} \end{pmatrix} = \begin{pmatrix} 0 & \dot{\gamma}_r^{\alpha}/2 & 0 \\ \dot{\gamma}_r^{\alpha}/2 & 0 & 0 \\ 0 & 0 & 0 \end{pmatrix} \tag{3.44}
$$

通过坐标变换将各个滑移系上的非弹性应变率张量转化到晶体坐标系下，合成为晶体坐标系下的非弹性应变率(式(3.33))。

为了获得总应变率，还需要获得弹性应变的表达式。晶体坐标系下的镍基单晶高温合金弹性本构关系为

$$
\begin{pmatrix} \sigma_{11} \\ \sigma_{22} \\ \sigma_{33} \\ \sigma_{12} \\ \sigma_{23} \\ \sigma_{31} \end{pmatrix} = \begin{pmatrix} D_{11} & D_{12} & D_{12} & 0 & 0 & 0 \\ D_{12} & D_{11} & D_{12} & 0 & 0 & 0 \\ D_{12} & D_{12} & D_{11} & 0 & 0 & 0 \\ 0 & 0 & 0 & D_{44} & 0 & 0 \\ 0 & 0 & 0 & 0 & D_{44} & 0 \\ 0 & 0 & 0 & 0 & 0 & D_{44} \end{pmatrix} \begin{pmatrix} \varepsilon_{11}^e \\ \varepsilon_{22}^e \\ \varepsilon_{33}^e \\ \varepsilon_{12}^e \\ \varepsilon_{23}^e \\ \varepsilon_{31}^e \end{pmatrix} \tag{3.45}
$$

至此，晶体坐标系下应力张量与应变(弹性应变、非弹性应变)张量的关系均已得到，通过坐标变换可以进一步得到总体坐标系下的应力、应变张量。

3.3.2　材料参数的获取

1. 不同取向的简化

根据基于晶体滑移理论的 Walker 模型在不同取向单轴受载时应力、应变所呈现的特殊性质(如单轴拉伸带来的某些量的对称性、加载速率带来的某些项可忽略)，可以将本构模型进行简化；然后，根据简化得到的本构模型方程，利用不同取向的试验数据完成材料常数的获取。

1) [100]/[010]/[001]取向

当[100]取向受载时，晶体坐标系下的应力为

$$
\begin{pmatrix} \sigma_{11} \\ \sigma_{22} \\ \sigma_{33} \\ \sigma_{12} \\ \sigma_{23} \\ \sigma_{31} \end{pmatrix} = \sigma_{100} \begin{pmatrix} 1 \\ 0 \\ 0 \\ 0 \\ 0 \\ 0 \end{pmatrix} \tag{3.46}
$$

式中，σ_{100} 为[100]取向的应力。将式(3.46)代入式(3.40)～式(3.43)，可得八面体滑移系的 Schmid 应力、六面体滑移系的 Schmid 应力、八面体 non-Schmid 应力以及 Takeuchi-Kuramoto 应力为

$$
\begin{pmatrix} \pi_1^o \\ \pi_2^o \\ \pi_3^o \\ \pi_4^o \\ \pi_5^o \\ \pi_6^o \\ \pi_7^o \\ \pi_8^o \\ \pi_9^o \\ \pi_{10}^o \\ \pi_{11}^o \\ \pi_{12}^o \end{pmatrix} = \frac{\sigma_{100}}{\sqrt{6}} \begin{pmatrix} 1 \\ -1 \\ 0 \\ 0 \\ 1 \\ -1 \\ 1 \\ -1 \\ 0 \\ 0 \\ 1 \\ -1 \end{pmatrix}, \quad \begin{pmatrix} \pi_1^c \\ \pi_2^c \\ \pi_3^c \\ \pi_4^c \\ \pi_5^c \\ \pi_6^c \end{pmatrix} = \begin{pmatrix} 0 \\ 0 \\ 0 \\ 0 \\ 0 \\ 0 \end{pmatrix}, \quad \begin{pmatrix} \pi_{nz}^1 \\ \pi_{nz}^2 \\ \pi_{nz}^3 \\ \pi_{nz}^4 \\ \pi_{nz}^5 \\ \pi_{nz}^6 \\ \pi_{nz}^7 \\ \pi_{nz}^8 \\ \pi_{nz}^9 \\ \pi_{nz}^{10} \\ \pi_{nz}^{11} \\ \pi_{nz}^{12} \end{pmatrix} = \frac{\sigma_{100}}{3\sqrt{2}} \begin{pmatrix} 1 \\ 1 \\ -2 \\ -2 \\ 1 \\ 1 \\ 1 \\ 1 \\ -2 \\ -2 \\ 1 \\ 1 \end{pmatrix}, \quad \begin{pmatrix} \Psi_1 \\ \Psi_2 \\ \Psi_3 \\ \Psi_4 \\ \Psi_5 \\ \Psi_6 \\ \Psi_7 \\ \Psi_8 \\ \Psi_9 \\ \Psi_{10} \\ \Psi_{11} \\ \Psi_{12} \end{pmatrix} = \begin{pmatrix} 0 \\ 0 \\ 0 \\ 0 \\ 0 \\ 0 \\ 0 \\ 0 \\ 0 \\ 0 \\ 0 \\ 0 \end{pmatrix} \tag{3.47}
$$

从式(3.47)可以看出，只有 8 个八面体滑移系上存在非零的 Schmid 应力，其余 4 个八面体滑移系和全部的 6 个六面体滑移系的 Schmid 应力为零。式(3.47)中，八面体第一滑移系和第二滑移系的 Schmid 应力大小相同、方向相反，π_{nz}^r 相同，其他相邻指标的八面体滑移系也有此现象，因此可将 12 个八面体滑移系按照此规律分成 6 组。以八面体第一滑移系和第二滑移系为例，进行本构模型计算。

对于八面体第一滑移系，其滑移剪切应变率、背应力和阻应力的演化方程为

$$
\dot{\gamma}_1^o = \left| \frac{\sigma_{100}/\sqrt{6} - \omega_1^o}{K_1^o} \right|^{n-1} \frac{\sigma_{100}/\sqrt{6} - \omega_1^o}{K_1^o} \tag{3.48}
$$

$$
\dot{\omega}_1^o = \rho_1^o \dot{\gamma}_1^o - \rho_2^o \left| \dot{\gamma}_1^o \right| \omega_1^o - \rho_3^o \left| \omega_1^o \right|^{p-1} \omega_1^o \tag{3.49}
$$

$$
K_1^o = K_0^o + \frac{\rho_4^o \sigma_{100}}{3\sqrt{2}} \tag{3.50}
$$

对于八面体第二滑移系，其滑移剪切应变率、背应力和阻应力的演化方程为

$$\dot{\gamma}_2^o = \left| \frac{-\sigma_{100}/\sqrt{6} - \omega_2^o}{K_2^o} \right|^{n-1} \frac{-\sigma_{100}/\sqrt{6} - \omega_2^o}{K_2^o} \tag{3.51}$$

$$\dot{\omega}_2^o = \rho_1^o \dot{\gamma}_2^o - \rho_2^o \left| \dot{\gamma}_2^o \right| \omega_2^o - \rho_3^o \left| \omega_2^o \right|^{p-1} \omega_2^o \tag{3.52}$$

$$K_2^o = K_0^o + \frac{\rho_4^o \sigma_{100}}{3\sqrt{2}} \tag{3.53}$$

通过对比式(3.50)和式(3.53)，可得 $K_1^o = K_2^o$，将其记为 K_{100}^o。为了将两个滑移系的对应表达式形式统一，定义

$$\dot{\gamma}_2^{o\prime} = -\dot{\gamma}_2^o, \quad \dot{\omega}_2^{o\prime} = -\dot{\omega}_2^o \tag{3.54}$$

则式(3.51)和式(3.52)可以改写为

$$\dot{\gamma}_2^{o\prime} = \left| \frac{\sigma_{100}/\sqrt{6} - \omega_2^{o\prime}}{K_{100}^o} \right|^{n-1} \frac{\sigma_{100}/\sqrt{6} - \omega_2^{o\prime}}{K_{100}^o} \tag{3.55}$$

$$\dot{\omega}_2^{o\prime} = \rho_1^o \dot{\gamma}_2^{o\prime} - \rho_2^o \left| \dot{\gamma}_2^{o\prime} \right| \omega_2^{o\prime} - \rho_3^o \left| \omega_2^{o\prime} \right|^{p-1} \omega_2^{o\prime} \tag{3.56}$$

式(3.55)、式(3.56)与式(3.48)、式(3.49)对比可以看出，当滑移系上的 Schmid 应力为 $\sigma_{100}/\sqrt{6}$ 和 $-\sigma_{100}/\sqrt{6}$ 时，滑移剪切应变率和背应力的演化方程形式相同，符号相反。因此，可以将八面体滑移系上的滑移剪切应变率、背应力和阻应力的演化方程简化为

$$\dot{\gamma}^o = \left| \frac{\sigma_{100}/\sqrt{6} - \omega^o}{K_{100}^o} \right|^{n-1} \frac{\sigma_{100}/\sqrt{6} - \omega^o}{K_{100}^o} \tag{3.57}$$

$$\dot{\omega}^o = \rho_1^o \dot{\gamma}^o - \rho_2^o \left| \dot{\gamma}^o \right| \omega^o - \rho_3^o \left| \omega^o \right|^{p-1} \omega^o \tag{3.58}$$

$$K_{100}^o = K_0^o + \frac{\rho_4^o \sigma_{100}}{3\sqrt{2}} \tag{3.59}$$

当滑移系上的 Schmid 应力为 $\sigma_{100}/\sqrt{6}$ 时，滑移剪切应变率为 $\dot{\gamma}^o$；当滑移系上的 Schmid 力为 $-\sigma_{100}/\sqrt{6}$ 时，滑移剪切应变率为 $-\dot{\gamma}^o$。

根据式(3.33)，晶体坐标系下的非弹性应变率张量为

$$\dot{c} = \frac{2\sqrt{6}}{3} \begin{pmatrix} 2 & 0 & 0 \\ 0 & -1 & 0 \\ 0 & 0 & -1 \end{pmatrix} \dot{\gamma}^o \tag{3.60}$$

将其转换到总体坐标系，则[100]取向的非弹性应变率 $\dot{c}_{100}$ 为

$$\dot{c}_{100} = \frac{4}{3}\sqrt{6}\dot{\gamma}^{o} \tag{3.61}$$

以上是非弹性应变率的计算，下面计算总应变中的弹性应变部分。根据式(3.45)，晶体坐标系下的弹性应变为

$$\begin{pmatrix} \varepsilon_{11}^{e} \\ \varepsilon_{22}^{e} \\ \varepsilon_{33}^{e} \\ \gamma_{12}^{e} \\ \gamma_{23}^{e} \\ \gamma_{31}^{e} \end{pmatrix} = \frac{\sigma_{100}}{(D_{11}-D_{12})(D_{11}+2D_{12})} \begin{pmatrix} D_{11}+D_{12} \\ -D_{12} \\ -D_{12} \\ 0 \\ 0 \\ 0 \end{pmatrix} \tag{3.62}$$

则[100]取向的应力可以表示为

$$\sigma_{100} = \left[\frac{D_{11}+D_{12}}{(D_{11}-D_{12})(D_{11}+2D_{12})} \right]^{-1} (\varepsilon_{100}-c_{100}) \tag{3.63}$$

式中，ε_{100}、c_{100} 分别为[100]取向的总应变与非弹性应变。

需要注意的是，镍基单晶高温合金沿着三个材料主轴方向的力学性能完全相同，因此[010]和[001]取向本构关系也符合式(3.57)～式(3.59)、式(3.61)及式(3.63)。

2) [110]/[011]/[101]取向

当[110]取向受载时，晶体坐标系下的应力为

$$\begin{pmatrix} \sigma_{11} \\ \sigma_{22} \\ \sigma_{33} \\ \sigma_{12} \\ \sigma_{23} \\ \sigma_{31} \end{pmatrix} = \frac{\sigma_{110}}{2} \begin{pmatrix} 1 \\ 1 \\ 0 \\ 1 \\ 0 \\ 0 \end{pmatrix} \tag{3.64}$$

式中，σ_{110} 为[110]取向的应力。将式(3.64)代入式(3.40)～式(3.43)，可得八面体滑移系的 Schmid 应力、六面体滑移系的 Schmid 应力、八面体 non-Schmid 应力以及 Takeuchi-Kuramoto 应力为

$$
\begin{pmatrix} \pi^o_1 \\ \pi^o_2 \\ \pi^o_3 \\ \pi^o_4 \\ \pi^o_5 \\ \pi^o_6 \\ \pi^o_7 \\ \pi^o_8 \\ \pi^o_9 \\ \pi^o_{10} \\ \pi^o_{11} \\ \pi^o_{12} \end{pmatrix} = \frac{\sigma_{110}}{\sqrt{6}} \begin{pmatrix} 1 \\ 0 \\ -1 \\ 0 \\ 0 \\ 0 \\ 1 \\ 0 \\ -1 \\ 0 \\ 0 \\ 0 \end{pmatrix}, \quad
\begin{pmatrix} \pi^c_1 \\ \pi^c_2 \\ \pi^c_3 \\ \pi^c_4 \\ \pi^c_5 \\ \pi^c_6 \end{pmatrix} = \frac{\sigma_{110}}{2\sqrt{2}} \begin{pmatrix} 0 \\ 0 \\ 1 \\ -1 \\ 1 \\ -1 \end{pmatrix}, \quad
\begin{pmatrix} \pi^1_{nz} \\ \pi^2_{nz} \\ \pi^3_{nz} \\ \pi^4_{nz} \\ \pi^5_{nz} \\ \pi^6_{nz} \\ \pi^7_{nz} \\ \pi^8_{nz} \\ \pi^9_{nz} \\ \pi^{10}_{nz} \\ \pi^{11}_{nz} \\ \pi^{12}_{nz} \end{pmatrix} = \frac{\sigma_{110}}{3\sqrt{2}} \begin{pmatrix} -1 \\ 2 \\ -1 \\ 0 \\ 0 \\ 0 \\ -1 \\ 2 \\ -1 \\ 0 \\ 0 \\ 0 \end{pmatrix}, \quad
\begin{pmatrix} \Psi_1 \\ \Psi_2 \\ \Psi_3 \\ \Psi_4 \\ \Psi_5 \\ \Psi_6 \\ \Psi_7 \\ \Psi_8 \\ \Psi_9 \\ \Psi_{10} \\ \Psi_{11} \\ \Psi_{12} \end{pmatrix} = \frac{\sigma_{110}}{2\sqrt{2}} \begin{pmatrix} 1 \\ 0 \\ -1 \\ 1 \\ 0 \\ 1 \\ -1 \\ 0 \\ 1 \\ -1 \\ 0 \\ -1 \end{pmatrix} \tag{3.65}
$$

由式(3.65)可以看出，4 个八面体滑移系和 4 个六面体滑移系上存在非零的 Schmid 应力。将八面体第一滑移系和第三滑移系作为一组，以此为例，进行本构模型计算。

对于八面体第一滑移系，其滑移剪切应变率、背应力和阻应力的演化方程可以简化为

$$
\dot{\gamma}^o_1 = \left| \frac{\sigma_{110}/\sqrt{6} - \omega^o_1}{K^o_1} \right|^{n-1} \frac{\sigma_{110}/\sqrt{6} - \omega^o_1}{K^o_1} \tag{3.66}
$$

$$
\dot{\omega}^o_1 = \rho^o_1 \dot{\gamma}^o_1 - \rho^o_2 \left| \dot{\gamma}^o_1 \right| \omega^o_1 - \rho^o_3 \left| \omega^o_1 \right|^{p-1} \omega^o_1 \tag{3.67}
$$

$$
K^o_1 = K^o_0 - \frac{\rho^o_4 \sigma_{110}}{3\sqrt{2}} + \frac{\rho^o_5 \left| \sigma_{110} \right|}{2\sqrt{2}} \tag{3.68}
$$

对于八面体第三滑移系，其滑移剪切应变率、背应力和阻应力的演化方程可以简化为

$$
\dot{\gamma}^o_3 = \left| \frac{-\sigma_{110}/\sqrt{6} - \omega^o_3}{K^o_3} \right|^{n-1} \frac{-\sigma_{110}/\sqrt{6} - \omega^o_3}{K^o_3} \tag{3.69}
$$

$$
\dot{\omega}^o_3 = \rho^o_1 \dot{\gamma}^o_3 - \rho^o_2 \left| \dot{\gamma}^o_3 \right| \omega^o_3 - \rho^o_3 \left| \omega^o_3 \right|^{p-1} \omega^o_3 \tag{3.70}
$$

$$
K^o_3 = K^o_0 - \frac{\rho^o_4 \sigma_{110}}{3\sqrt{2}} + \frac{\rho^o_5 \left| -\sigma_{110} \right|}{2\sqrt{2}} \tag{3.71}
$$

通过对比式(3.68)和式(3.71)，可得 $K_1^o = K_3^o$，将其记为 K_{110}^o。为了将两个滑移系的对应表达式形式统一，定义

$$\dot{\gamma}_3^{o\prime} = -\dot{\gamma}_3^o, \quad \dot{\omega}_3^{o\prime} = -\dot{\omega}_3^o \tag{3.72}$$

则式(3.69)和式(3.70)可以改写为

$$\dot{\gamma}_3^{o\prime} = \left| \frac{\sigma_{110}/\sqrt{6} - \omega_3^{o\prime}}{K_{110}^o} \right|^{n-1} \frac{\sigma_{110}/\sqrt{6} - \omega_3^{o\prime}}{K_{110}^o} \tag{3.73}$$

$$\dot{\omega}_3^{o\prime} = \rho_1^o \dot{\gamma}_3^{o\prime} - \rho_2^o \left| \dot{\gamma}_3^{o\prime} \right| \omega_3^{o\prime} - \rho_3^o \left| \omega_3^{o\prime} \right|^{p-1} \omega_3^{o\prime} \tag{3.74}$$

式(3.73)、式(3.74)与式(3.66)、式(3.67)对比可以看出，滑移系上的 Schmid 应力为 $\sigma_{110}/\sqrt{6}$ 和 $-\sigma_{110}/\sqrt{6}$ 时，滑移剪切应变率和背应力的演化方程形式相同，符号相反。因此，可以将八面体滑移系上的滑移剪切应变率、背应力和阻应力的演化方程简化为

$$\dot{\gamma}^o = \left| \frac{\sigma_{110}/\sqrt{6} - \omega^o}{K_{110}^o} \right|^{n-1} \frac{\sigma_{110}/\sqrt{6} - \omega^o}{K_{110}^o} \tag{3.75}$$

$$\dot{\omega}^o = \rho_1^o \dot{\gamma}^o - \rho_2^o \left| \dot{\gamma}^o \right| \omega^o - \rho_3^o \left| \omega^o \right|^{p-1} \omega^o \tag{3.76}$$

$$K_{110}^o = K_0^o - \frac{\rho_4^o \sigma_{110}}{3\sqrt{2}} + \frac{\rho_5^o \left| \sigma_{110} \right|}{2\sqrt{2}} \tag{3.77}$$

当滑移系上的 Schmid 应力为 $\sigma_{110}/\sqrt{6}$ 时，滑移剪切应变率为 $\dot{\gamma}^o$；当滑移系上的 Schmid 应力为 $-\sigma_{110}/\sqrt{6}$ 时，滑移剪切应变率为 $-\dot{\gamma}^o$。

采用同样的方法，六面体滑移系上的滑移剪切应变率、背应力的演化方程简化为

$$\dot{\gamma}^c = \left| \frac{\sigma_{110}/2\sqrt{2} - \omega^c}{K_0^c} \right|^{m-1} \frac{\sigma_{110}/2\sqrt{2} - \omega^c}{K_0^c} \tag{3.78}$$

$$\dot{\omega}^c = \rho_1^c \dot{\gamma}^c - \rho_2^c \left| \dot{\gamma}^c \right| \omega^c - \rho_3^c \left| \omega^c \right|^{q-1} \omega^c \tag{3.79}$$

根据式(3.33)，晶体坐标系下的非弹性应变率张量为

$$\dot{c} = \frac{\sqrt{6}}{3} \begin{pmatrix} 1 & 1 & 0 \\ 1 & 1 & 0 \\ 0 & 0 & -2 \end{pmatrix} \dot{\gamma}^o + \sqrt{2} \begin{pmatrix} 0 & 1 & 0 \\ 1 & 0 & 0 \\ 0 & 0 & 0 \end{pmatrix} \dot{\gamma}^c \tag{3.80}$$

将其转换到总体坐标系，则[110]取向的非弹性应变率 $\dot{c}_{110}$ 为

$$\dot{c}_{110} = \frac{1}{2}(\dot{c}_{11} + \dot{c}_{22} + 2\dot{c}_{12}) = \frac{2}{3}\sqrt{6}\dot{\gamma}^o + \sqrt{2}\dot{\gamma}^c \tag{3.81}$$

以上是非弹性应变率的计算，下面计算总应变中的弹性应变部分。根据式(3.45)，晶体坐标系下的弹性应变为

$$\begin{pmatrix} \varepsilon_{11}^e \\ \varepsilon_{22}^e \\ \varepsilon_{33}^e \\ \varepsilon_{12}^e \\ \varepsilon_{23}^e \\ \varepsilon_{31}^e \end{pmatrix} = \sigma_{110} \begin{pmatrix} D_{11}/\left[2(D_{11} - D_{12})(D_{11} + 2D_{12})\right] \\ D_{11}/\left[2(D_{11} - D_{12})(D_{11} + 2D_{12})\right] \\ -D_{12}/\left[(D_{11} - D_{12})(D_{11} + 2D_{12})\right] \\ 1/(2D_{44}) \\ 0 \\ 0 \end{pmatrix} \tag{3.82}$$

将其转换到总体坐标系，则[110]取向的弹性应变 ε_{110}^e 为

$$\varepsilon_{110}^e = \frac{1}{2}\left(\varepsilon_{11}^e + \varepsilon_{22}^e + \gamma_{12}^e\right) = \frac{1}{2}\left(\frac{D_{11}}{D_{11}^2 + D_{11}D_{12} - 2D_{12}^2} + \frac{1}{2D_{44}}\right)\sigma_{110} \tag{3.83}$$

[110]取向的应力可以表示为

$$\sigma_{110} = \left[\frac{D_{11}}{2(D_{11} - D_{12})(D_{11} + 2D_{12})} + \frac{1}{4D_{44}}\right]^{-1} \left(\varepsilon_{110} - c_{110}\right) \tag{3.84}$$

式中，ε_{110}、c_{110} 分别为[110]取向的总应变与非弹性应变。

需要注意的是，根据镍基单晶高温合金力学性能的对称性，[011]和[101]取向本构关系也符合式(3.75)~式(3.79)、式(3.81)以及式(3.84)。

3) [111]取向

当[111]取向受载时，晶体坐标系下的应力为

$$\begin{pmatrix} \sigma_{11} \\ \sigma_{22} \\ \sigma_{33} \\ \sigma_{12} \\ \sigma_{23} \\ \sigma_{31} \end{pmatrix} = \frac{\sigma_{111}}{3} \begin{pmatrix} 1 \\ 1 \\ 1 \\ 1 \\ 1 \\ 1 \end{pmatrix} \tag{3.85}$$

式中，σ_{111} 为[111]取向的应力。将式(3.85)代入式(3.40)~式(3.43)，可得八面体滑移系的 Schmid 应力、六面体滑移系的 Schmid 应力、八面体 non-Schmid 应力以及 Takeuchi-Kuramoto 应力为

$$
\begin{pmatrix} \pi_1^o \\ \pi_2^o \\ \pi_3^o \\ \pi_4^o \\ \pi_5^o \\ \pi_6^o \\ \pi_7^o \\ \pi_8^o \\ \pi_9^o \\ \pi_{10}^o \\ \pi_{11}^o \\ \pi_{12}^o \end{pmatrix} = \frac{\sqrt{6}\sigma_{111}}{9} \begin{pmatrix} 0 \\ 0 \\ 0 \\ 0 \\ -1 \\ 1 \\ 1 \\ 0 \\ -1 \\ -1 \\ 1 \\ 0 \end{pmatrix}, \quad \begin{pmatrix} \pi_1^c \\ \pi_2^c \\ \pi_3^c \\ \pi_4^c \\ \pi_5^c \\ \pi_6^c \end{pmatrix} = \frac{\sqrt{2}\sigma_{111}}{3} \begin{pmatrix} 1 \\ 0 \\ 1 \\ 0 \\ 1 \\ 0 \end{pmatrix}, \quad \begin{pmatrix} \pi_{nz}^1 \\ \pi_{nz}^2 \\ \pi_{nz}^3 \\ \pi_{nz}^4 \\ \pi_{nz}^5 \\ \pi_{nz}^6 \\ \pi_{nz}^7 \\ \pi_{nz}^8 \\ \pi_{nz}^9 \\ \pi_{nz}^{10} \\ \pi_{nz}^{11} \\ \pi_{nz}^{12} \end{pmatrix} = \frac{\sqrt{2}\sigma_{111}}{9} \begin{pmatrix} 0 \\ 0 \\ 0 \\ 2 \\ -1 \\ -1 \\ -1 \\ 2 \\ -1 \\ -1 \\ -1 \\ 2 \end{pmatrix}, \quad \begin{pmatrix} \Psi_1 \\ \Psi_2 \\ \Psi_3 \\ \Psi_4 \\ \Psi_5 \\ \Psi_6 \\ \Psi_7 \\ \Psi_8 \\ \Psi_9 \\ \Psi_{10} \\ \Psi_{11} \\ \Psi_{12} \end{pmatrix} = \frac{\sqrt{2}\sigma_{111}}{3} \begin{pmatrix} 0 \\ 0 \\ 0 \\ 0 \\ -1 \\ 1 \\ -1 \\ 0 \\ 1 \\ -1 \\ 1 \\ 0 \end{pmatrix}
$$

$$(3.86)$$

由式(3.86)可以看出，6 个八面体滑移系和 3 个六面体滑移系上存在非零的 Schmid 应力。将八面体第五滑移系和第六滑移系作为一组，以此为例，进行本构模型计算。

对于八面体第五滑移系，其滑移剪切应变率、背应力和阻应力的演化方程可以简化为

$$
\dot{\gamma}_5^o = \left| \frac{-\sqrt{6}\sigma_{111}/9 - \omega_5^o}{K_5^o} \right|^{n-1} \frac{-\sqrt{6}\sigma_{111}/9 - \omega_5^o}{K_5^o} \tag{3.87}
$$

$$
\dot{\omega}_5^o = \rho_1^o \dot{\gamma}_5^o - \rho_2^o \left| \dot{\gamma}_5^o \right| \omega_5^o - \rho_3^o \left| \omega_5^o \right|^{p-1} \omega_5^o \tag{3.88}
$$

$$
K_5^o = K_0^o - \frac{\sqrt{2}\rho_4^o \sigma_{111}}{9} + \frac{\sqrt{2}\rho_5^o \left| -\sigma_{111} \right|}{3} \tag{3.89}
$$

对于八面体第六滑移系，其滑移剪切应变率、背应力和阻应力的演化方程可以简化为

$$
\dot{\gamma}_6^o = \left| \frac{\sqrt{6}\sigma_{111}/9 - \omega_6^o}{K_6^o} \right|^{n-1} \frac{\sqrt{6}\sigma_{111}/9 - \omega_6^o}{K_6^o} \tag{3.90}
$$

$$
\dot{\omega}_6^o = \rho_1^o \dot{\gamma}_6^o - \rho_2^o \left| \dot{\gamma}_6^o \right| \omega_6^o - \rho_3^o \left| \omega_6^o \right|^{p-1} \omega_6^o \tag{3.91}
$$

$$
K_6^o = K_0^o - \frac{\sqrt{2}\rho_4^o \sigma_{111}}{9} + \frac{\sqrt{2}\rho_5^o \left| \sigma_{111} \right|}{3} \tag{3.92}
$$

通过对比式(3.89)和式(3.92)，可得 $K_5^o = K_6^o$，将阻应力记为 K_{111}^o。为了将两个滑移系的对应表达式形式统一，定义：

$$\dot{\gamma}_5^{o\prime} = -\dot{\gamma}_5^o, \quad \dot{\omega}_5^{o\prime} = -\dot{\omega}_5^o \tag{3.93}$$

则式(3.87)和式(3.88)可以改写为

$$\dot{\gamma}_5^{o\prime} = \left| \frac{\sqrt{6}\sigma_{111}/9 - \omega_5^{o\prime}}{K_{111}^o} \right|^{n-1} \frac{\sqrt{6}\sigma_{111}/9 - \omega_5^{o\prime}}{K_{111}^o} \tag{3.94}$$

$$\dot{\omega}_5^{o\prime} = \rho_1^o \dot{\gamma}_5^{o\prime} - \rho_2^o \left| \dot{\gamma}_5^{o\prime} \right| \omega_5^{o\prime} - \rho_3^o \left| \omega_5^{o\prime} \right|^{p-1} \omega_5^{o\prime} \tag{3.95}$$

式(3.94)、式(3.95)与式(3.90)、式(3.91)对比可以看出，滑移系上的 Schmid 应力为 $\sqrt{6}\sigma_{111}/9$ 和 $-\sqrt{6}\sigma_{111}/9$ 时，滑移剪切应变率和背应力的演化方程形式相同，符号相反。因此，可以将八面体滑移系上的滑移剪切应变率、背应力和阻应力的演化方程简化为

$$\dot{\gamma}^o = \left| \frac{\sqrt{6}\sigma_{111}/9 - \omega^o}{K_{111}^o} \right|^{n-1} \frac{\sqrt{6}\sigma_{111}/9 - \omega^o}{K_{111}^o} \tag{3.96}$$

$$\dot{\omega}^o = \rho_1^o \dot{\gamma}^o - \rho_2^o \left| \dot{\gamma}^o \right| \omega^o - \rho_3^o \left| \omega^o \right|^{p-1} \omega^o \tag{3.97}$$

$$K_{111}^o = K_0^o - \frac{\sqrt{2}\rho_4^o \sigma_{111}}{9} + \frac{\sqrt{2}\rho_5^o |\sigma_{111}|}{3} \tag{3.98}$$

当滑移系上的 Schmid 应力为 $\sqrt{6}\sigma_{111}/9$ 时，滑移剪切应变率为 $\dot{\gamma}^o$；当滑移系上的 Schmid 应力为 $-\sqrt{6}\sigma_{111}/9$ 时，滑移剪切应变率为 $-\dot{\gamma}^o$。

采用同样的方法，六面体滑移系上的滑移剪切应变率、背应力的演化方程可以简化为

$$\dot{\gamma}^c = \left| \frac{\sqrt{2}\sigma_{111}/3 - \omega^c}{K_0^c} \right|^{m-1} \frac{\sqrt{2}\sigma_{111}/3 - \omega^c}{K_0^c} \tag{3.99}$$

$$\dot{\omega}^c = \rho_1^c \dot{\gamma}^c - \rho_2^c \left| \dot{\gamma}^c \right| \omega^c - \rho_3^c \left| \omega^c \right|^{q-1} \omega^c \tag{3.100}$$

根据式(3.33)，晶体坐标系下的非弹性应变率张量为

$$\dot{c} = \frac{\sqrt{6}}{3} \begin{pmatrix} 0 & 1 & 1 \\ 1 & 0 & 1 \\ 1 & 1 & 0 \end{pmatrix} \dot{\gamma}^o + \frac{\sqrt{2}}{2} \begin{pmatrix} 0 & 1 & 1 \\ 1 & 0 & 1 \\ 1 & 1 & 0 \end{pmatrix} \dot{\gamma}^c \tag{3.101}$$

将其转换到总体坐标系，则[111]取向的非弹性应变率 $\dot{c}_{111}$ 为

$$\dot{c}_{111} = \frac{1}{3}\left(\dot{c}_{11} + \dot{c}_{22} + \dot{c}_{33} + 2\dot{c}_{12} + 2\dot{c}_{23} + 2\dot{c}_{13}\right) = \frac{2}{3}\sqrt{6}\dot{\gamma}^o + \sqrt{2}\dot{\gamma}^c \tag{3.102}$$

以上是非弹性应变率的计算，下面计算总应变中的弹性应变部分。根据式(3.45)，晶体坐标系下的弹性应变为

$$\begin{pmatrix} \varepsilon_{11}^e \\ \varepsilon_{22}^e \\ \varepsilon_{33}^e \\ \varepsilon_{12}^e \\ \varepsilon_{23}^e \\ \varepsilon_{31}^e \end{pmatrix} = \frac{\sigma_{111}}{3}\begin{pmatrix} 1/(D_{11} + 2D_{12}) \\ 1/(D_{11} + 2D_{12}) \\ 1/(D_{11} + 2D_{12}) \\ 1/D_{44} \\ 1/D_{44} \\ 1/D_{44} \end{pmatrix} \tag{3.103}$$

将其转换到总体坐标系，则[111]取向的弹性应变 ε_{111}^e 为

$$\varepsilon_{111}^e = \frac{1}{3}\left(\varepsilon_{11}^e + \varepsilon_{22}^e + \varepsilon_{33}^e + \varepsilon_{12}^e + \varepsilon_{23}^e + \varepsilon_{31}^e\right) = \frac{\sigma_{111}}{3}\left(\frac{1}{D_{11} + 2D_{12}} + \frac{1}{D_{44}}\right) \tag{3.104}$$

[111]取向的应力可以表示为

$$\sigma_{111} = \left[\frac{1}{3(D_{11} + 2D_{12})} + \frac{1}{3D_{44}}\right]^{-1}(\varepsilon_{111} - c_{111}) \tag{3.105}$$

式中，ε_{111}、c_{111} 分别为[111]取向的总应变与非弹性应变。

2. 材料常数获取

1) 八面体滑移系材料常数

当[001]取向受载时，根据式(3.47)，只有 8 个八面体滑移系上存在非零的 Schmid 应力。考虑拉伸时应变较大的情况，应力达到屈服应力 σ_{001}^s。此时，弹性应变率近似为零，可认为 $\dot{\varepsilon} \approx \dot{c}_{001}$。对于应力/应变速率较高的快速试验，忽略背应力中的热恢复项($\rho_3^o = 0$)，则背应力应达到饱和，由式(3.58)可得 $\omega_S^o \approx \rho_1^o / \rho_2^o$。根据式(3.57)和式(3.59)，开动的八面体滑移系上的滑移剪切应变率、阻应力的演化方程为

$$\dot{\gamma}^o \approx \left(\frac{\sigma_{001}^s/\sqrt{6} - \rho_1^o/\rho_2^o}{K_{001}^o}\right)^n, \quad K_{001}^o = K_0^o + \frac{\rho_4^o\sigma_{001}^s}{3\sqrt{2}} \tag{3.106}$$

结合式(3.61)，则[001]取向屈服应力与应变率满足：

$$\sigma_{001}^s \approx \sqrt{6}\frac{\rho_1^o}{\rho_2^o} + \sqrt{6}K_{001}^o\left(\frac{\sqrt{6}}{8}\dot{\varepsilon}\right)^{\frac{1}{n}} \tag{3.107}$$

　　首先，暂时忽略阻应力 K_{001}^o 中影响相对较小的非对称项，即令 $K_{001}^o \approx K_0^o$，则根据式(3.107)，可利用三条不同应变率下的[001]取向应力-应变曲线确定 K_0^o、n 以及 ρ_1^o / ρ_2^o。然后，通过[001]取向应力-应变曲线的初始屈服位置可以确定 ρ_1^o。利用[001]取向迟滞回线的循环最大/最小应力可以确定 ρ_4^o，ρ_5^o 不包含在[001]取向的简化 Walker 模型中，因此需要在六面体滑移系材料常数确定以后，利用[011]取向的应力-应变曲线进行获取。上述过程需要重复数次，直到获得的参数相对稳定。

　　考虑蠕变的情况，拉伸应力 σ_{001} 保持不变，则 $\dot{\varepsilon} = \dot{c}_{001}$。在蠕变第二阶段，蠕变率近似为常数，根据式(3.61)可以得到八面体滑移系上的滑移剪切应变率近似为常数。进而根据式(3.58)可以得到 ω^o 也应近似为常数，即

$$\omega^o = \frac{\sigma_{001}}{\sqrt{6}} - K_{001}^o \left(\dot{\gamma}^o \right)^{\frac{1}{n}} \approx C \tag{3.108}$$

则背应力变化率近似为零，即

$$\dot{\omega}^o = \rho_1^o \dot{\gamma}^o - \rho_2^o \dot{\gamma}^o \omega^o - \rho_3^o \left(\omega^o \right)^p \approx 0 \tag{3.109}$$

因此，在已求得材料常数 ρ_1^o、ρ_2^o、ρ_4^o、K_0^o 和 n 的情况下，根据式(3.109)，可利用两条具有稳定蠕变段的[001]取向蠕变曲线确定 ρ_3^o 和 p。

　　考虑到目前材料手册通常缺少足够的不同应变率下的[001]取向应力-应变曲线，此时可对 Walker 模型进行简化，令 $\rho_3^o = 0$，即在背应力的演化方程中不再考虑热恢复项的影响，则在稳定蠕变段，根据式(3.108)和式(3.109)可以得到

$$\sigma_{001} \approx \sqrt{6} \frac{\rho_1^o}{\rho_2^o} + \sqrt{6} K_{001}^o \left(\frac{\sqrt{6}}{8} \dot{c}_{001} \right)^{\frac{1}{n}} \tag{3.110}$$

　　根据式(3.110)和式(3.107)，采用具有稳定蠕变段的[001]取向蠕变曲线结合应力-应变曲线，进行八面体滑移系材料常数的获取，可以减少对[001]取向应力-应变曲线的需求。

　　2) 六面体滑移系材料常数

　　在[111]取向受载时，根据式(3.86)，6 个八面体滑移系和 3 个六面体滑移系上存在非零的 Schmid 应力。但是，由于八面体滑移系上的 Schmid 应力较小，引起的非弹性应变率基本可以忽略。考虑拉伸时应变较大的情况，应力达到屈服应力 σ_{111}^s，此时可认为 $\dot{\varepsilon} \approx \dot{c}_{111}$。对于快速试验，忽略背应力中的热恢复项（$\rho_3^c = 0$），则背应力应达到饱和值，即 $\omega_s^c \approx \rho_1^c / \rho_2^c$。根据式(3.99)，开动的六面体滑移系上的滑移剪切应变率为

$$\dot{\gamma}^c \approx \left(\frac{\sqrt{2}\sigma_{111}^s/3 - \rho_1^c/\rho_2^c}{K_0^c} \right)^m \tag{3.111}$$

根据式(3.102)，忽略八面体滑移系上的滑移剪切应变，可得

$$\dot{c}_{111} \approx \sqrt{2}\dot{\gamma}^c \tag{3.112}$$

则[111]取向屈服应力与应变率满足

$$\sigma_{111}^s \approx \frac{3}{\sqrt{2}} \frac{\rho_1^c}{\rho_2^c} + \frac{3}{\sqrt{2}} K_0^c \left(\frac{1}{\sqrt{2}}\dot{\varepsilon} \right)^{\frac{1}{m}} \tag{3.113}$$

因此，根据式(3.113)，可利用三条不同应变率下的[111]取向应力-应变曲线确定 K_0^c、m 以及 ρ_1^c/ρ_2^c，进而利用初始屈服的位置确定 ρ_1^c。

考虑蠕变的情况，拉伸应力 σ_{111} 保持不变，则 $\dot{\varepsilon} = \dot{c}_{111}$。在蠕变第二阶段，蠕变率近似为常数，根据式(3.112)，可以得到六面体滑移系上的滑移剪切应变率近似为常数。根据式(3.99)，可以得到 ω^c 也应近似为常数，即

$$\omega^c = \frac{\sqrt{2}\sigma_{111}}{3} - K^c \left(\dot{\gamma}^c \right)^{\frac{1}{m}} \approx C \tag{3.114}$$

则背应力变化率近似为零，即

$$\dot{\omega}^c = \rho_1^c \dot{\gamma}^c - \rho_2^c \dot{\gamma}^c \omega^c - \rho_3^c \left(\omega^c \right)^q \approx 0 \tag{3.115}$$

与八面体滑移系材料常数的获取过程类似，在已求得材料常数 ρ_1^c、ρ_2^c、K_0^c 和 m 的情况下，根据式(3.115)，可利用两条具有稳定蠕变段的[111]取向蠕变曲线确定 ρ_3^c 和 q。

同样，当缺少不同应变率下的[111]取向应力-应变曲线时，需要对 Walker 模型进行简化，令 $\rho_3^c = 0$，则在稳定蠕变段，根据式(3.114)和式(3.115)可得

$$\sigma_{111} \approx \frac{3}{\sqrt{2}} \frac{\rho_1^c}{\rho_2^c} + \frac{3}{\sqrt{2}} K_0^c \left(\frac{1}{\sqrt{2}}\dot{c}_{111} \right)^{\frac{1}{m}} \tag{3.116}$$

根据式(3.113)和式(3.116)，采用具有稳定蠕变段的[111]取向蠕变曲线结合应力-应变曲线进行六面体滑移系材料常数的获取，可以减少对[111]取向应力-应变曲线的需求。

利用上述材料常数获取方法，结合文献[57]提供的 DD6 在 760℃和 980℃的应力-应变曲线及蠕变曲线，可以确定基于晶体滑移理论的 Walker 模型材料常数如表 3.6 和表 3.7 所示。DD6 在不同温度下的弹性常数如表 3.8 所示。

表 3.6　760℃时基于晶体滑移理论的 Walker 模型材料常数

常数	值	常数	值
ρ_1^o	5.0×10^6	ρ_1^c	5.0×10^6
ρ_1^o / ρ_2^o	2.4×10^2	ρ_1^c / ρ_2^c	2.7×10^2
ρ_3^o	0.0	ρ_3^c	0.0
ρ_4^o	0.15	—	—
ρ_5^o	0.1	—	—
n	9.033	m	10.52
p	3.0	q	3.0
K_0^o	4.285×10^2	K_0^c	4.413×10^2

注：应力的单位为 MPa，长度的单位为 mm。

表 3.7　980℃时基于晶体滑移理论的 Walker 模型材料常数

常数	值	常数	值
ρ_1^o	2.0×10^6	ρ_1^c	0.5×10^6
ρ_1^o / ρ_2^o	1.0×10^2	ρ_1^c / ρ_2^c	1.0×10^2
ρ_3^o	0.0	ρ_3^c	0.0
ρ_4^o	0.0	—	—
ρ_5^o	−0.5	—	—
n	8.103	m	7.122
p	3.0	q	3.0
K_0^o	6.406×10^2	K_0^c	5.914×10^2

注：应力的单位为 MPa，长度的单位为 mm。

表 3.8　DD6 在不同温度下的弹性常数

温度/℃	D_{11} /MPa	D_{12} /MPa	D_{44} /MPa
25	2.0572×10^5	1.0788×10^5	1.3696×10^5
700	1.9345×10^5	1.1558×10^5	1.0021×10^5
760	1.9403×10^5	1.1742×10^5	1.0501×10^5
850	1.8684×10^5	1.1598×10^5	6.0609×10^4
980	1.6058×10^5	1.0267×10^5	8.0445×10^4
1070	1.4781×10^5	9.8127×10^4	7.4216×10^4
1100	1.6116×10^5	1.1339×10^5	6.3836×10^4

本节采用基于晶体滑移理论的 Walker 模型对 DD6 合金低循环疲劳变形行为进行数值模拟。图 3.3 为 760℃、应变比 R=-1 条件下 DD6 合金不同取向的循环应力-应变曲线模拟结果，图 3.4 为 760℃、应变比 R=-1 条件下 DD6 合金 [001]取向的拉压不对称性模拟结果，图 3.5 为 760℃、应变比 R=0.05 条件下 DD6 合金[001]取向的应力-应变曲线模拟结果，图 3.6 为 980℃、应变比 R=-1 条件下 DD6 合金[001]取向的循环应力-应变曲线模拟结果。由上述模拟结果可以看出，对不同晶体取向、不同温度、不同应变比条件下的 DD6 合金变形行为模拟，其计算值与试验值较好吻合，说明基于晶体滑移理论的 Walker 模型能较为准确地描述镍基单晶高温合金的变形行为[58]。

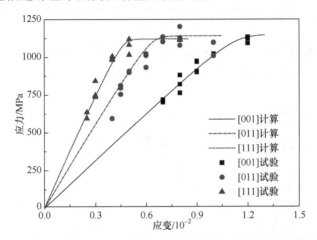

图 3.3   760℃、R=-1、不同取向的循环应力-应变曲线模拟结果

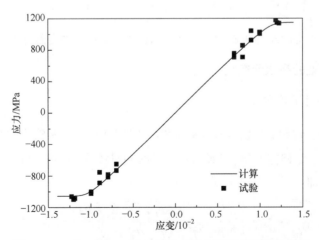

图 3.4   760℃、R=-1、[001]取向的拉压不对称性模拟结果

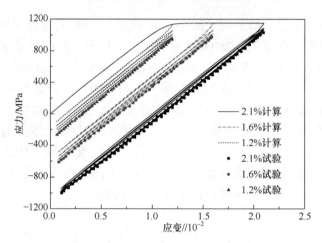

图 3.5　760℃、R=0.05、[001]取向的应力-应变曲线模拟结果

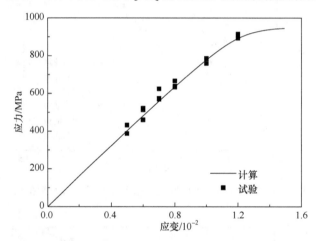

图 3.6　980℃、R=−1、[001]取向的循环应力-应变曲线

3.3.3　本构模型的有限元实现

1. 非线性有限元方程

假设对应于时刻 t 的载荷和位移条件($^t\overline{F}_i$ 在 V 内，$^t\overline{T}_i$ 在 S_σ 上，$^t\overline{u}_i$ 在 S_u 上)的位移 ^tu_i、应变 $^t\varepsilon_{ij}$ 和应力 $^t\sigma_{ij}$ 已经求得，当时间过渡到 $t+\Delta t$ ，载荷和位移条件有一增量[59-61]，即

$$^{t+\Delta t}\overline{F}_i = {}^t\overline{F}_i + \Delta\overline{F}_i , \quad {}^t\overline{F}_i \text{在 } V \text{ 内} \tag{3.117}$$

$$^{t+\Delta t}\overline{T}_i = {}^t\overline{T}_i + \Delta\overline{T}_i , \quad {}^t\overline{T}_i \text{在 } S_\sigma \text{ 上} \tag{3.118}$$

$$^{t+\Delta t}\overline{u}_i = {}^t\overline{u}_i + \Delta\overline{u}_i , \quad {}^t\overline{u}_i \text{在 } S_u \text{ 上} \tag{3.119}$$

若要求解 $t + \Delta t$ 时刻的位移、应变和应力，即

$$^{t+\Delta t}u_i = {}^t u_i + \Delta u_i \tag{3.120}$$

$$^{t+\Delta t}\varepsilon_{ij} = {}^t \varepsilon_{ij} + \Delta \varepsilon_{ij} \tag{3.121}$$

$$^{t+\Delta t}\sigma_{ij} = {}^t \sigma_{ij} + \Delta \sigma_{ij} \tag{3.122}$$

则它们应满足的平衡方程、几何方程、物理方程(线性化表示)、边界条件分别为

$$^t\sigma_{ij,j} + \Delta\sigma_{ij,j} + {}^t\overline{F}_i + \Delta\overline{F}_i = 0 , \quad 在 V 内 \tag{3.123}$$

$$^t\varepsilon_{ij} + \Delta\varepsilon_{ij} = \frac{1}{2}\left({}^t u_{i,j} + {}^t u_{j,i}\right) + \frac{1}{2}\left(\Delta u_{i,j} + \Delta u_{j,i}\right) , \quad 在 V 内 \tag{3.124}$$

$$\Delta\sigma_{ij} = \int_t^{t+\Delta t} \mathrm{d}\sigma_{ij} = \int_t^{t+\Delta t} D_{ijkl}^{ep} \mathrm{d}\varepsilon_{kl} = {}^\tau D_{ijkl}^{ep}\Delta\varepsilon_{kl}, \quad t \leqslant \tau \leqslant t + \Delta t , \quad 在 V 内 \tag{3.125}$$

$$^t T_i + \Delta T_i = {}^t\overline{T}_i + \Delta\overline{T}_i , \quad 在 S_\sigma 上 \tag{3.126}$$

$$^t u_i + \Delta u_i = {}^t\overline{u}_i + \Delta\overline{u}_i , \quad 在 S_u 上$$

式中，D_{ijkl}^{ep} 为弹塑性刚度矩阵；${}^t T_i = {}^t\sigma_{ij} n_j$ ，$\Delta T_i = \Delta\sigma_{ij} n_j$ ；n_j 为 S_σ 外法线与 $j(j=x,y,z)$ 轴间夹角的方向余弦。

如果 $t + \Delta t$ 时刻的应力 ${}^t\sigma_{ij} + \Delta\sigma_{ij}$、体积载荷 ${}^t\overline{F}_i + \Delta\overline{F}_i$ 及边界载荷 ${}^t\overline{T}_i + \Delta\overline{T}_i$ 满足平衡方程，那么此力系在满足几何协调条件的虚位移 $\delta(\Delta u_i)$ 上的总虚功等于零，即

$$\delta(\Delta u_i) = \frac{1}{2}\delta\left(\Delta u_{i,j} + \Delta u_{j,i}\right) , \quad 在 V 内 \tag{3.127}$$

$$\delta(\Delta u_i) = 0 , \quad 在 S_u 上 \tag{3.128}$$

此时

$$\int_V \left({}^t\sigma_{ij} + \Delta\sigma_{ij}\right)\delta\left(\Delta\varepsilon_{ij}\right)\mathrm{d}V - \int_V \left({}^t\overline{F}_i + \Delta\overline{F}_i\right)\delta(\Delta u_i)\mathrm{d}V - \int_{S_\sigma}\left({}^t\overline{T}_i + \Delta\overline{T}_i\right)\delta(\Delta u_i)\mathrm{d}S = 0 \tag{3.129}$$

将线性化的物理方程代入式(3.129)可得

$$\int_V {}^\tau D_{ijkl}^{ep}\Delta\varepsilon_{kl}\delta\left(\Delta\varepsilon_{ij}\right)\mathrm{d}V - \int_V \Delta\overline{F}_i\delta(\Delta u_i)\mathrm{d}V - \int_{S_\sigma}\Delta\overline{T}\delta(\Delta u_i)\mathrm{d}S$$

$$= -\int_V {}^t\sigma_{ij}\delta\left(\Delta\varepsilon_{ij}\right)\mathrm{d}V + \int_V {}^t\overline{F}_i\delta(\Delta u_i)\mathrm{d}V + \int_{S_\sigma}{}^t\overline{T}_i\delta(\Delta u_i)\mathrm{d}S \tag{3.130}$$

表示为矩阵形式为

$$\int_V \delta(\Delta\boldsymbol{\varepsilon})^{\mathrm{T}}\, {}^{\tau}\boldsymbol{D}_{ep}\Delta\boldsymbol{\varepsilon}\mathrm{d}V - \int_V \delta(\Delta\boldsymbol{u})^{\mathrm{T}}\,\Delta\bar{\boldsymbol{F}}\mathrm{d}V - \int_{S_\sigma}\delta(\Delta\boldsymbol{u})^{\mathrm{T}}\,\Delta\bar{\boldsymbol{T}}\mathrm{d}S$$
$$= -\int_V \delta(\Delta\boldsymbol{\varepsilon})^{\mathrm{T}}\,{}^{t}\boldsymbol{\sigma}\mathrm{d}V + \int_V \delta(\Delta\boldsymbol{u})^{\mathrm{T}}\,{}^{t}\bar{\boldsymbol{F}}\mathrm{d}V + \int_{S_\sigma}\delta(\Delta\boldsymbol{u})^{\mathrm{T}}\,{}^{t}\bar{\boldsymbol{T}}\mathrm{d}S \tag{3.131}$$

式(3.131)右端是校正项，校正项的引入可以避免由 ${}^{t}\boldsymbol{\sigma}$、${}^{t}\bar{\boldsymbol{F}}$ 和 ${}^{t}\bar{\boldsymbol{T}}$ 可能不精确满足平衡所导致的过大误差。

将各单元内的位移增量表示成节点位移增量的插值形式，即

$$\Delta\boldsymbol{u} = \boldsymbol{N}\Delta\boldsymbol{a}^{e} \tag{3.132}$$

再利用几何方程，可得

$$\Delta\boldsymbol{\varepsilon} = \boldsymbol{B}\Delta\boldsymbol{a}^{e} \tag{3.133}$$

由虚位移的任意性，可以得到有限元的系统平衡方程为

$$ {}^{\tau}\boldsymbol{K}_{ep}\Delta\boldsymbol{a} = \Delta\boldsymbol{Q} \tag{3.134}$$

式中，${}^{\tau}\boldsymbol{K}_{eq}$ 为弹塑性刚度矩阵；$\Delta\boldsymbol{a}$ 为增量位移向量；$\Delta\boldsymbol{Q}$ 为不平衡力向量。它们分别由单元的各个对应量集成，即

$$ {}^{\tau}\boldsymbol{K}_{ep} = \sum_e {}^{\tau}\boldsymbol{K}_{ep}^{e} \tag{3.135}$$

$$\Delta\boldsymbol{a} = \sum_e \Delta\boldsymbol{a}^{e} \tag{3.136}$$

$$\Delta\boldsymbol{Q} = {}^{t+\Delta t}\boldsymbol{Q}_l - {}^{t}\boldsymbol{Q}_i = \sum_e {}^{t+\Delta t}\boldsymbol{Q}_l^{e} - \sum_e {}^{t}\boldsymbol{Q}_i^{e} \tag{3.137}$$

并且

$$ {}^{\tau}\boldsymbol{K}_{ep}^{e} = \int_{V_e} \boldsymbol{B}^{\mathrm{T}}\,{}^{\tau}\boldsymbol{D}_{ep}\boldsymbol{B}\mathrm{d}V \tag{3.138}$$

$$ {}^{t+\Delta t}\boldsymbol{Q}_i^{e} = \int_{V_e} \boldsymbol{N}^{\mathrm{T}}\,{}^{t+\Delta t}\bar{\boldsymbol{F}}\mathrm{d}V + \int_{s_{\sigma_e}} \boldsymbol{N}^{\mathrm{T}}\,{}^{t+\Delta t}\bar{\boldsymbol{T}}\mathrm{d}S \tag{3.139}$$

$$ {}^{t}\boldsymbol{Q}_i^{e} = \int_{V_e} \boldsymbol{B}^{\mathrm{T}}\,{}^{t}\boldsymbol{\sigma}\mathrm{d}V \tag{3.140}$$

式中，${}^{t+\Delta t}\boldsymbol{Q}_l$ 为 $t+\Delta t$ 时刻的外载荷向量；${}^{t}\boldsymbol{Q}_i$ 为 t 时刻的内力向量，所以 $\Delta\boldsymbol{Q}$ 称为不平衡力向量。如果 ${}^{t}\boldsymbol{Q}_l$ 和 ${}^{t}\boldsymbol{Q}_i$ 满足平衡条件，则 $\Delta\boldsymbol{Q}$ 表示载荷增量向量。以上形式是为了进行平衡校正，避免解的漂移。

解出 $\Delta\boldsymbol{a}$ 以后，利用几何方程可以得到机械应变增量 $\Delta\boldsymbol{\varepsilon}$，再对物理方程进行积分就可以得到应力增量 $\Delta\boldsymbol{\sigma}$，并进一步得到 ${}^{t+\Delta t}\boldsymbol{\sigma} = {}^{t}\boldsymbol{\sigma} + \Delta\boldsymbol{\sigma}$。接着将 ${}^{t+\Delta t}\boldsymbol{\sigma}$ 代入内力向量 ${}^{t+\Delta t}\boldsymbol{Q}_i$，以检查 $t+\Delta t$ 时刻的内力和外载是否平衡，具体按式(3.141)计算不

平衡量：

$$^{t+\Delta t}\boldsymbol{Q}_l - {}^{t+\Delta t}\boldsymbol{Q}_i = \sum_e {}^{t+\Delta t}\boldsymbol{Q}_l^e - \sum_e {}^{t+\Delta t}\boldsymbol{Q}_i^e$$

$$= \sum_e \left(\int_{V_e} \boldsymbol{N}^{\mathrm{T}\, t+\Delta t}\overline{\boldsymbol{F}}\mathrm{d}V + \int_{s_{\sigma e}} \boldsymbol{N}^{\mathrm{T}\, t+\Delta t}\overline{\boldsymbol{T}}\mathrm{d}S \right) - \sum_e \int_{V_e} \boldsymbol{B}^{\mathrm{T}\, t+\Delta t}\sigma\mathrm{d}V \tag{3.141}$$

式(3.141)在一般情况下并不等于零。这表明此时求得的应力 $^{t+\Delta t}\sigma$ 和外载荷 $^{t+\Delta t}\overline{\boldsymbol{F}}$、$^{t+\Delta t}\overline{\boldsymbol{T}}$ 尚未完全满足平衡条件，即存在不平衡力向量 $\Delta\boldsymbol{Q}$。需要通过迭代，以求得新的 $\Delta\boldsymbol{a}$、$\Delta\boldsymbol{\varepsilon}$ 和 $\Delta\sigma$ 及 $^{t+\Delta t}\sigma$，直至式(3.141)右端小于某个规定的小量，即求得一个与外载荷近似满足平衡要求的应力状态。

对增量有限元方程的求解通常采用 Newton-Raphson 方法，可分为变刚度迭代(N-R 迭代)和常刚度迭代(mN-R 迭代)。系统求解方程可以改写为

$$^{t+\Delta t}\boldsymbol{K}_{ep}^{(n)}\delta\boldsymbol{a}^{(n)} = \Delta\boldsymbol{Q}^{(n)}, \quad n = 0,1,2,\cdots \tag{3.142}$$

式中，n 为迭代次数，并有

$$^{t+\Delta t}\boldsymbol{K}_{ep}^{(n)} = \sum_e \int_{V_e} \boldsymbol{B}^{\mathrm{T}\, t+\Delta t}\boldsymbol{D}_{ep}^{(n)}\boldsymbol{B}\mathrm{d}V \tag{3.143}$$

$$^{t+\Delta t}\boldsymbol{D}_{ep}^{(n)} = \boldsymbol{D}_{ep}\left({}^{t+\Delta t}\sigma^{(n)}, {}^{t+\Delta t}\boldsymbol{a}^{(n)}, {}^{t+\Delta t}\overline{\varepsilon}_p^{(n)} \right) \tag{3.144}$$

$$\Delta\boldsymbol{Q}^{(n)} = {}^{t+\Delta t}\boldsymbol{Q}_l - \sum_e \int_{V_e} \boldsymbol{B}^{\mathrm{T}\, t+\Delta t}\sigma^{(n)}\mathrm{d}V \tag{3.145}$$

$$^{t+\Delta t}\sigma^{(0)} = {}^t\sigma, \quad {}^{t+\Delta t}\boldsymbol{a}^{(0)} = {}^t\boldsymbol{a}, \quad {}^{t+\Delta t}\overline{\varepsilon}_p^{(0)} = {}^t\overline{\varepsilon}_p \tag{3.146}$$

式中，$\overline{\varepsilon}_p$ 为等效应变；$\delta\boldsymbol{a}^{(n)}$ 为第 n 次平衡迭代得到的位移增量修正量，即

$$^{t+\Delta t}\boldsymbol{a}^{(n+1)} = {}^{t+\Delta t}\boldsymbol{a}^{(n)} + \delta\boldsymbol{a}^{(n)} = {}^{t+\Delta t}\boldsymbol{a}^{(0)} + \sum_{i=0}^{n}\delta\boldsymbol{a}^{(i)} = {}^t\boldsymbol{a} + \Delta\boldsymbol{a}^{(n)} \tag{3.147}$$

然后，根据几何方程求得应变增量修正量 $\delta\boldsymbol{\varepsilon}^{(n)}$ 及应变增量 $\Delta\boldsymbol{\varepsilon}^{(n)}$。

在迭代过程中刚度矩阵保持为某时刻的数值(如增量步开始时刻 t 的数值)，即常刚度迭代。如果刚度矩阵始终保持为弹性刚度矩阵，解法等效于初应力法，此时

$$^{t+\Delta t}\boldsymbol{K}_{ep}^{(n)} = {}^t\boldsymbol{K}_e = \sum_e \int_{V_e} \boldsymbol{B}^{\mathrm{T}\, t}\boldsymbol{D}_e\boldsymbol{B}\mathrm{d}V \tag{3.148}$$

常刚度迭代在一定程度上牺牲了收敛速度，但是却明显地减少了计算量。

2. 用户子程序编写

上述平衡迭代过程是在有限元软件主程序中实现的。以 ABAQUS 为例，在

ABAQUS 进行第 n 次平衡迭代前，需要在积分点调用用户子程序(ABAQUS 中用户子程序为 UMAT)，进行本构模型求解。在 UMAT 子程序中，编写基于晶体滑移理论的 Walker 模型所涉及的主要变量包括：

(1) DDSDDE(NTENS,NTENS)，即雅可比矩阵。在常刚度迭代中，可取为某时刻弹性刚度矩阵 $\boldsymbol{D}_e$。

(2) STRESS(NTENS)，即应力张量矩阵。在增量步的开始，由主程序传到 UMAT 中；在增量步的结束，UMAT 将对主程序中的应力张量进行更新。

(3) STATEV(NSTATV)，即用于存储状态变量的矩阵。在增量步开始时将数值传递到 UMAT 中；在增量步结束时，对状态变量进行更新。NSTATV 为状态变量矩阵的维数。

(4) STRAN(NTENS)，即应变矩阵。

(5) DSTRAN(NTENS)，即应变增量矩阵。

(6) DTIME，即增量步的时间增量。

(7) TEMP，即增量步开始的温度。

(8) DTEMP，即增量步的温度增量。

基于晶体滑移理论的 Walker 模型在 ABAQUS 中的求解流程如图 3.7 所示，具体如下：

(1) 已经求得 t 时刻的位移、应力、应变和状态变量，下面开始增量步 $t+\Delta t$ 计算。

(2) $n=1$，n 表示平衡迭代的次数。

(3) 设置应变增量 DSTRAN 的初值，记为 $\Delta\boldsymbol{\varepsilon}^{(0)}$。

(4) 调用 UMAT 子程序，开始本构模型计算。

① 将 t 时刻的状态变量赋给本构模型的内变量，即 STATEV(1~18)赋给滑移系背应力 ${}^t\omega_r^\alpha$，STATEV(19~36)赋给滑移剪切应变 ${}^t\gamma_r^\alpha$，STATEV(37~42)赋给宏观非弹性应变张量 ${}^tc$，将绝对值最大滑移剪切应变赋给 STATEV(43)，作为损伤的度量，用于确定临界滑移系。

② 计算增量步开始时刻和结束时刻的弹性矩阵 ${}^t\boldsymbol{D}_e$ 和 ${}^{t+\Delta t}\boldsymbol{D}_e$，对应温度分别为 TEMP 和 TEMP+DTEMP。

③ 计算 Walker 模型材料常数，取增量步的温度中值 TEMP+DTEMP/2。

④ 利用增量步开始时的应力 ${}^t\boldsymbol{\sigma}$，分别计算 ${}^t\pi_r^\alpha$、${}^t\pi_{nz}^r$、${}^t\varPsi_r$。

⑤ 计算 ${}^tK_r^\alpha$、${}^t\dot\gamma_r^\alpha$、${}^t\dot\omega_r^\alpha$。

$$ {}^tK_r^o = K_0^o + \rho_4^o\,{}^t\pi_{nz}^r + \rho_5^o\left|{}^t\varPsi_r\right|, \quad {}^tK_r^c(t) = K_0^c \tag{3.149} $$

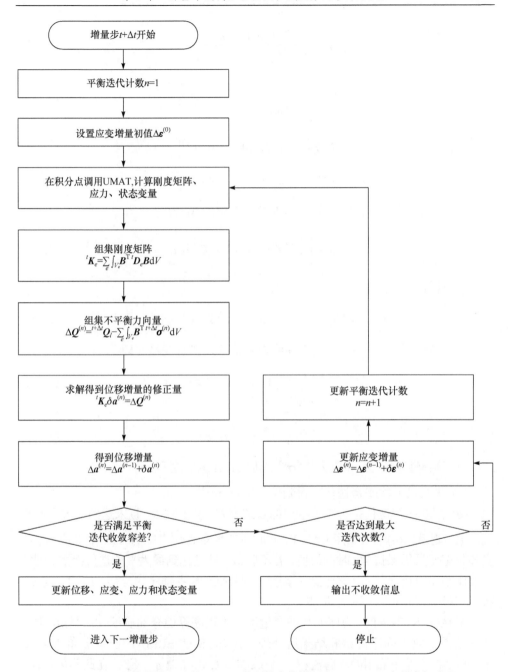

图 3.7　基于晶体滑移理论的 Walker 黏塑性本构模型在 ABAQUS 中的求解流程

$$t\dot{\gamma}_r^o = \left| \frac{{}^t\pi_r^o - {}^t\omega_r^o}{{}^tK_r^o} \right|^{n-1} \frac{{}^t\pi_r^o - {}^t\omega_r^o}{{}^tK_r^o} \tag{3.150}$$

$$t\dot{\gamma}_r^c = \left| \frac{{}^t\pi_r^c - {}^t\omega_r^c}{{}^tK_r^c} \right|^{m-1} \frac{{}^t\pi_r^c - {}^t\omega_r^c}{{}^tK_r^c} \tag{3.151}$$

$$t\dot{\omega}_r^o = \rho_1^o \, {}^t\dot{\gamma}_r^o - \rho_2^o \left| {}^t\dot{\gamma}_r^o \right| \omega_r^o - \rho_3^o \left| {}^t\omega_r^o \right|^{p-1} {}^t\omega_r^o \tag{3.152}$$

$$t\dot{\omega}_r^c = \rho_1^c \, {}^t\dot{\gamma}_r^c - \rho_2^c \left| {}^t\dot{\gamma}_r^c \right| \omega_r^c - \rho_3^c \left| {}^t\omega_r^c \right|^{q-1} {}^t\omega_r^c \tag{3.153}$$

⑥ 采用显式单步法[62, 63]计算非弹性应变增量 Δc 为

$$\Delta c = \left(\sum_{r=1}^{12} {}^t\dot{\gamma}_r^o \boldsymbol{P}_r^o + \sum_{r=1}^{6} {}^t\dot{\gamma}_r^c \boldsymbol{P}_r^c \right) \Delta t \tag{3.154}$$

⑦ 计算应力增量

$$\Delta\boldsymbol{\sigma}^{(n-1)} = {}^t\boldsymbol{D}_e \left(\Delta\boldsymbol{\varepsilon}^{(n-1)} - \Delta c \right) + \left({}^{t+\Delta t}\boldsymbol{D}_e - {}^t\boldsymbol{D}_e \right) \left({}^t\boldsymbol{\varepsilon} - {}^t\boldsymbol{c} \right) \tag{3.155}$$

⑧ 计算新的应力和内变量，并将内变量存入状态变量，即

$$^{t+\Delta t}\boldsymbol{\sigma}^{(n)} = {}^{t+\Delta t}\boldsymbol{\sigma}^{(0)} + \Delta\boldsymbol{\sigma}^{(n-1)} = {}^t\boldsymbol{\sigma} + \Delta\boldsymbol{\sigma}^{(n-1)} \tag{3.156}$$

$$^{t+\Delta t}\gamma_r^\alpha = {}^t\gamma_r^\alpha + {}^t\dot{\gamma}_r^\alpha \Delta t \tag{3.157}$$

$$^{t+\Delta t}\omega_r^\alpha = {}^t\omega_r^\alpha + {}^t\dot{\omega}_r^\alpha \Delta t \tag{3.158}$$

⑨ 将弹性矩阵 ${}^t\boldsymbol{D}_e$ 和应力 ${}^{t+\Delta t}\boldsymbol{\sigma}^{(n)}$ 返回 ABAQUS 主程序。

(5) 进行第 n 次平衡迭代，得到位移增量 $\Delta\boldsymbol{a}^{(n)}$。

(6) 判断平衡迭代是否满足给定的收敛容差，若不收敛，且未达到最大平衡迭代次数，则返回(4)继续调用 UMAT，此时应变增量 $\Delta\boldsymbol{\varepsilon}^{(n-1)}$ 变为 $\Delta\boldsymbol{\varepsilon}^{(n)}$，而应力、应变和状态变量仍保持为 t 时刻的值；若不收敛，且已达到最大平衡迭代次数，则结束程序并输出错误信息；若收敛，则更新 ABAQUS 主程序的位移、应力、应变、状态变量等，并进入下一增量步。

ABAQUS UMAT 子程序的状态变量可在主程序界面全部显示，并可输出中间计算结果，便于程序调试和结果后处理。ANSYS USERMAT 子程序和 MARC HYPELA2 子程序采用的求解流程与 ABAQUS UMAT 基本一致，在此不再赘述。ANSYS USERMAT 子程序的状态变量最多显示前 10 个；MARC HYPELA2 子程序的状态变量最多显示前 30 个，但其计算效率优于 ABAQUS，对于处理大型复杂结构具有一定优势。

在 ANSYS USERMAT 子程序中，编写基于晶体滑移理论的 Walker 模型所涉及的主要变量包括：

(1) dStrain(ncomp)，即应变增量，仅包含机械应变，温度应变成分已被去除。

(2) dsdePl(ncomp,ncomp)，即一致切线算子矩阵$\partial \sigma_{ij} / \partial \varepsilon_{ij}$。

(3) stress(ncomp)，即应力，增量步开始时由 ANSYS 主程序传入，需要在 USERMAT 中更新为增量步结束时的值。

(4) statev(nStatev)，即状态变量，增量步开始时由 ANSYS 主程序传入，需要在 USERMAT 中更新为增量步结束时的值，nStatev 为状态变量的个数，通过"TB，STATE"命令定义。

在 HYPELA2 子程序中，编写基于晶体滑移理论的 Walker 模型所涉及的主要变量包括：

(1) D，即刚度矩阵，需要在 HYPELA2 中定义。

(2) DE，即机械应变增量，由 HYPELA2 主程序输入。

(3) S，即应力，需要在 HYPELA2 中更新。

(4) T，即状态变量，T(1)用于存储增量步开始时的温度，在子程序中定义，可用 PLOTV 子程序输出到结果文件中。

(5) DT，即状态变量增量，用于在本增量步结束时更新状态变量 T，在子程序中定义。

3. 隐式算法与显式算法对比

从上述过程可以看出，在子程序中采用显式单步法计算的 Δc 只取决于 t 时刻的应力 $^t\boldsymbol{\sigma}$、材料常数和 Δt。显式单步法为一阶方法，为提高其精度，下面采用隐式方法进行求解。以 UMAT 为例，具体流程如下：

(1) 已经求得 t 时刻的位移、应力、应变和状态变量，下面开始增量步 $t + \Delta t$ 计算。

(2) $n = 1$，n 表示平衡迭代的次数(上标)。

(3) 设置应变增量 DSTRAN 的初值，记为 $\Delta \boldsymbol{\varepsilon}^{(0)}$。

(4) 调用 UMAT 子程序，开始本构模型计算。

① 将 t 时刻的状态变量赋给本构模型的内变量，即 STATEV(1~18)赋给滑移系背应力 $^t\omega_r^{\alpha}$，STATEV(19~36)赋给滑移剪切应变 $^t\gamma_r^{\alpha}$，STATEV(37~42)赋给宏观非弹性应变张量 $^t c$，将绝对值最大滑移剪切应变赋给 STATEV(43)，作为损伤的度量，用于确定临界滑移系。

② 计算增量步开始时刻和结束时刻的弹性矩阵 $^t\boldsymbol{D}_e$ 和 $^{t+\Delta t}\boldsymbol{D}_e$，对应温度分别为 TEMP 和 TEMP+DTEMP。

③ 计算 Walker 模型材料常数，取增量步的温度中值 TEMP+DTEMP/2。

④ 利用增量步开始时的应力 ${}^{t}\boldsymbol{\sigma}$，分别计算 ${}^{t}\pi_r^{\alpha}$、${}^{t}\pi_{nz}^{r}$、${}^{t}\Psi_r$。

⑤ 计算 ${}^{t}K_r^{\alpha}$、${}^{t}\dot{\gamma}_r^{\alpha}$、${}^{t}\dot{\omega}_r^{\alpha}$，即

$$ {}^{t}K_r^o = K_0^o + \rho_4^o \, {}^{t}\pi_{nz}^r + \rho_5^o \left| {}^{t}\Psi_r \right|, \quad {}^{t}K_r^c (t) = K_0^c \tag{3.159} $$

$$ {}^{t}\dot{\gamma}_r^o = \left| \frac{{}^{t}\pi_r^o - {}^{t}\omega_r^o}{{}^{t}K_r^o} \right|^{n-1} \frac{{}^{t}\pi_r^o - {}^{t}\omega_r^o}{{}^{t}K_r^o} \tag{3.160} $$

$$ {}^{t}\dot{\gamma}_r^c = \left| \frac{{}^{t}\pi_r^c - {}^{t}\omega_r^c}{{}^{t}K_r^c} \right|^{m-1} \frac{{}^{t}\pi_r^c - {}^{t}\omega_r^c}{{}^{t}K_r^c} \tag{3.161} $$

$$ {}^{t}\dot{\omega}_r^o = \rho_1^o \, {}^{t}\dot{\gamma}_r^o - \rho_2^o \left| {}^{t}\dot{\gamma}_r^o \right| {}^{t}\omega_r^o - \rho_3^o \left| {}^{t}\omega_r^o \right|^{p-1} {}^{t}\omega_r^o \tag{3.162} $$

$$ {}^{t}\dot{\omega}_r^c = \rho_1^c \, {}^{t}\dot{\gamma}_r^c - \rho_2^c \left| {}^{t}\dot{\gamma}_r^c \right| {}^{t}\omega_r^c - \rho_3^c \left| {}^{t}\omega_r^c \right|^{q-1} {}^{t}\omega_r^c \tag{3.163} $$

⑥ 进入本构迭代，采用梯形法(隐式)，m 表示本构迭代的次数(下标)。

a. $m = 0$，${}^{t+\Delta t}\boldsymbol{\sigma}_{(0)}^{(n-1)} = {}^{t}\boldsymbol{\sigma}$。

b. 利用应力 ${}^{t+\Delta t}\boldsymbol{\sigma}_{(m)}^{(n-1)}$ 分别计算 ${}^{t+\Delta t}\pi_r^{\alpha}$、${}^{t+\Delta t}\pi_{nz}^{r}$、${}^{t+\Delta t}\Psi_r$。

c. 计算第 m 次本构迭代的 ${}^{t+\Delta t}K_r^{\alpha}$、${}^{t+\Delta t}\dot{\gamma}_r^{\alpha}$、${}^{t+\Delta t}\dot{\omega}_r^{\alpha}$。

d. 计算 $\Delta\omega_r^{\alpha}$、$\Delta\gamma_r^{\alpha}$，即

$$ \Delta\omega_r^{\alpha} = \frac{1}{2}\left({}^{t}\dot{\omega}_r^{\alpha} + {}^{t+\Delta t}\dot{\omega}_r^{\alpha} \right)\Delta t \tag{3.164} $$

$$ \Delta\gamma_r^{\alpha} = \frac{1}{2}\left({}^{t}\dot{\gamma}_r^{\alpha} + {}^{t+\Delta t}\dot{\gamma}_r^{\alpha} \right)\Delta t \tag{3.165} $$

e. 计算非弹性应变增量 $\Delta\boldsymbol{c}_{(m)}$，即

$$ \Delta\boldsymbol{c}_{(m)} = \sum_{r=1}^{12} \Delta\gamma_r^o \boldsymbol{P}_r^o + \sum_{r=1}^{6} \Delta\gamma_r^c \boldsymbol{P}_r^c \tag{3.166} $$

f. 计算应力增量 $\Delta\boldsymbol{\sigma}_{(m)}$，更新应力和状态变量，即

$$ \Delta\boldsymbol{\sigma}_{(m)}^{(n-1)} = {}^{t}\boldsymbol{D}_e \left(\Delta\boldsymbol{\varepsilon}^{(n-1)} - \Delta\boldsymbol{c}_{(m)} \right) + \left({}^{t+\Delta t}\boldsymbol{D}_e - {}^{t}\boldsymbol{D}_e \right)\left({}^{t}\boldsymbol{\varepsilon} - {}^{t}\boldsymbol{c} \right) \tag{3.167} $$

$$ {}^{t+\Delta t}\boldsymbol{\sigma}_{(m)}^{(n)} = {}^{t}\boldsymbol{\sigma} + \Delta\boldsymbol{\sigma}_{(m)}^{(n-1)} \tag{3.168} $$

$$ {}^{t+\Delta t}\gamma_r^{\alpha} = {}^{t}\gamma_r^{\alpha} + \Delta\gamma_r^{\alpha} \tag{3.169} $$

$$^{t+\Delta t}\omega_r^{\alpha} = {}^t\omega_r^{\alpha} + \Delta\omega_r^{\alpha}$$ (3.170)

g. 判断本构迭代是否收敛，收敛准则为两次本构迭代的等效非弹性应变增量的相对变化量小于给定误差。若收敛则跳至 h.；若不收敛且未超过最大本构迭代次数，则跳至 b.；若超过最大本构迭代次数，则结束子程序，并输出错误信息(对于固定步长的情况)或本增量步的时间步长减半后重新计算(对于自动步长的情况)。

h. 将内变量存入状态变量，$^{t+\Delta t}\boldsymbol{\sigma}_{(m+1)}$ 即 $^{t+\Delta t}\boldsymbol{\sigma}^{(n)}$，将弹性矩阵 $\boldsymbol{D}_e$ 和应力 $^{t+\Delta t}\boldsymbol{\sigma}^{(n)}$ 返回 ABAQUS 主程序。

(5) 进行第 n 次平衡迭代，得到 $\delta\boldsymbol{a}^{(n)}$、$\delta\boldsymbol{\varepsilon}^{(n)}$ 及 $\Delta\boldsymbol{\varepsilon}^{(n)}$。

(6) 判断平衡迭代是否满足给定的收敛容差，若不收敛且未达到最大平衡迭代次数，则返回(4)继续调用 UMAT，此时 $\Delta\boldsymbol{\varepsilon}^{(n-1)}$ 变为 $\Delta\boldsymbol{\varepsilon}^{(n)}$，而应力、应变和状态变量仍保持为 t 时刻的值；若不收敛且已达到最大平衡迭代次数，则结束程序并输出错误信息；若收敛，则更新 ABAQUS 主程序中的位移、应力、应变、状态变量等，并进入下一增量步。

采用隐式算法与显式算法计算结果对比如图 3.8 和表 3.9 所示，三种方法对于峰值应力的计算精度基本一致，但隐式算法结合自动步长控制可有效减少增量步数目，对于复杂结构其计算效率会有一定程度提升。

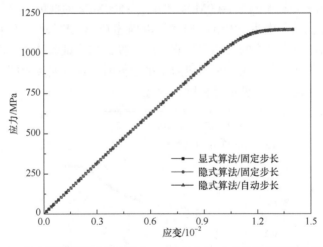

图 3.8　显式算法和隐式算法对 DD6 循环应力-应变曲线的模拟结果对比
(温度 760℃，应变率 5×10⁻³，取向[001])

表 3.9　显式算法和隐式算法的计算结果对比

算法	类型	增量步数目	初始步长/s	峰值应力/MPa
显式	固定步长	100	0.028	1148.1154
隐式	固定步长	100	0.028	1147.7637
隐式	自动步长	31	0.028	1147.8190

3.3.4　本构模型的修正

　　已有试验结果表明,不同于低循环疲劳,即使在应力比为-1 的情况下热机械疲劳过程中具有明显的棘轮效应(图 3.9)。为了验证 Walker 模型对棘轮效应的描述能力,对各个条件下 IP TMF 试验进行数值模拟,每个试验条件进行 20 个循环,如图 3.10～图 3.12 所示。数值模拟结果表明,Walker 模型可以描述 DD6 在 IP TMF 条件下的棘轮效应,但对于各试验条件下的循环棘轮变形大小则预测精度不高。具体地,当在应力水平较低,如 $\sigma_{\max}$ =300MPa,400MPa 时,模型倾向于过度预测循环棘轮变形,且随着应力水平的提升,这种过度估计程度减轻。而当应力水平继续增大到一定条件(如 $\sigma_{\max}$ =500MPa)时,则会低估其循环棘轮变形。换言之,Walker 模型只能精确预测 $\sigma_{\max}$ 在 400～500MPa 的某一个临界应力水平 $\sigma_{\max}^{\mathrm{cr}}$ 的循环棘轮变形。当应力水平偏离该临界值时,Walker 模型会给出与实际偏差较大的棘轮变形。

　　同样,利用 Walker 模型对 OP TMF 试验进行数值模拟,每个试验条件进行 20 个循环,循环最大应力 $\sigma_{\max}$ =400MPa 和 $\sigma_{\max}$ =500MPa 的模拟结果分别如图 3.13 和图 3.14 所示。结果表明,Walker 模型可以描述 OP TMF 条件下的棘轮效应,但同样对于其循环棘轮变形的大小则预测精度不高,相比试验结果,模拟结果对循环棘轮变形的预测偏大。尤其是当应力水平较低时,这种偏离程度更为严重。当循环应力水平增大时,过度估计程度会减轻。

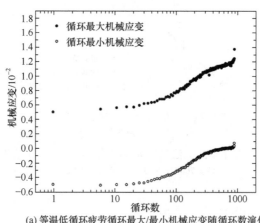

(a) 等温低循环疲劳循环最大/最小机械应变随循环数演化

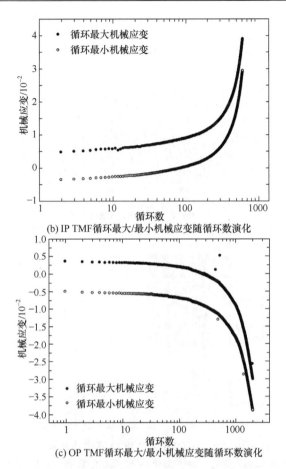

(b) IP TMF循环最大/最小机械应变随循环数演化

(c) OP TMF循环最大/最小机械应变随循环数演化

图 3.9　DD6 在热机械疲劳循环与等温低循环疲劳循环棘轮效应对比

(材料 DD6，取向[001]，循环类型低循环疲劳、IP TMF、OP TMF，应力比–1，最大应力 400MPa，
低循环疲劳温度 980℃，热机械疲劳温度 500～980℃)

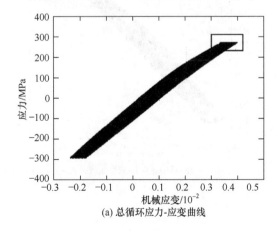

(a) 总循环应力-应变曲线

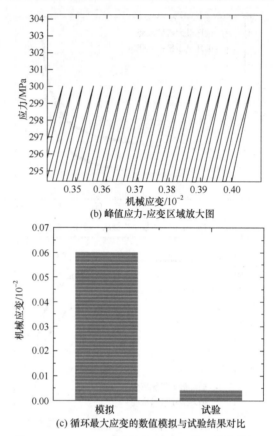

(b) 峰值应力-应变区域放大图

(c) 循环最大应变的数值模拟与试验结果对比

图 3.10　σ_{max}=300MPa 时 IP TMF 循环数值模拟

(材料 DD6，取向[001]，循环类型 IP TMF，应力比–1，最大应力 300MPa，
温度范围 500~980℃，模拟长度 20 个循环)

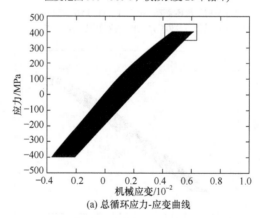

(a) 总循环应力-应变曲线

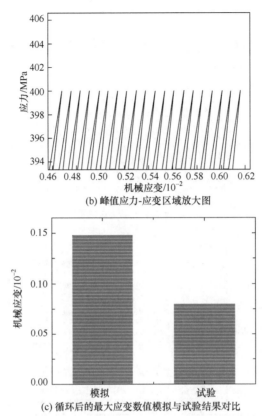

(b) 峰值应力-应变区域放大图

(c) 循环后的最大应变数值模拟与试验结果对比

图 3.11　σ_{max} =400MPa 时 IP TMF 循环的数值模拟

(材料 DD6，取向[001]，循环类型 IP TMF，应力比-1，最大应力 400MPa，
温度范围 500~980℃，模拟长度 20 个循环)

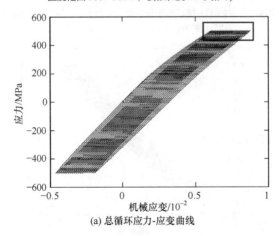

(a) 总循环应力-应变曲线

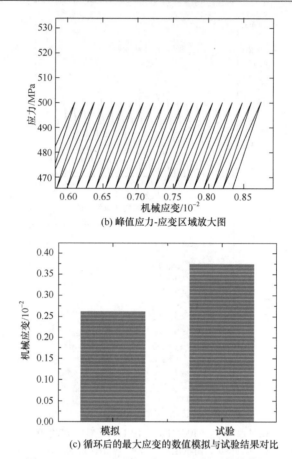

(b) 峰值应力-应变区域放大图

(c) 循环后的最大应变的数值模拟与试验结果对比

图 3.12　　σ_{max} =500MPa 时 IP TMF 循环数值模拟

(材料 DD6，取向[001]，循环类型 IP TMF，应力比-1，最大应力 500MPa，
温度范围 500~980℃，模拟长度 20 个循环)

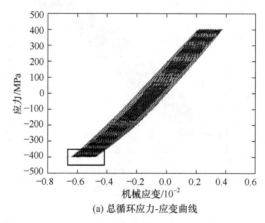

(a) 总循环应力-应变曲线

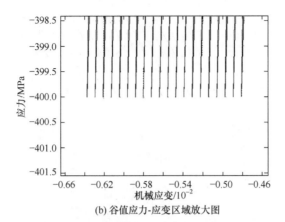

(b) 谷值应力-应变区域放大图

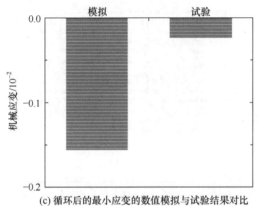

(c) 循环后的最小应变的数值模拟与试验结果对比

图 3.13　σ_{max} =400MPa 时 OP TMF 循环的数值模拟

(材料 DD6，取向[001]，循环类型 OP TMF，应力比–1，最大应力 400MPa，
温度范围 500～980℃，模拟长度 20 个循环)

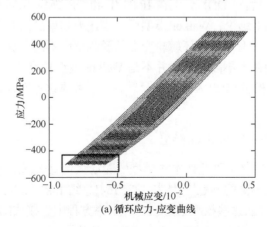

(a) 循环应力-应变曲线

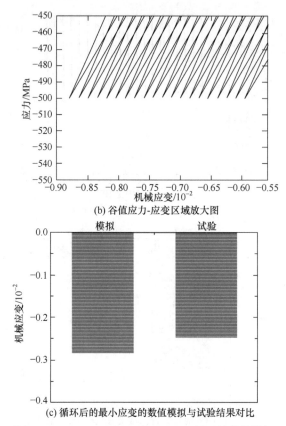

(b) 谷值应力-应变区域放大图

(c) 循环后的最小应变的数值模拟与试验结果对比

图 3.14　σ_{max} =500MPa 时 OP TMF 循环的数值模拟

(材料 DD6，取向[001]，循环类型 OP TMF，应力比–1，最大应力 500MPa，
温度范围 500～980℃，模拟长度 20 个循环)

　　综合 Walker 模型对 DD6 分别在 IP TMF 和 OP TMF 循环下试验的数值模拟结果，可以得出如下结论：Walker 模型可以描述镍基单晶高温合金在热机械疲劳条件下的棘轮效应，但对其循环棘轮变形的预测精度不高，这种对热机械疲劳条件下棘轮效应预测精度不高的情况并不是 Walker 模型独有的，在其他黏塑性本构模型(如 Chaboche 模型)中也大多如此[64-67]，为了解决这一问题，需要对本构模型进行修正。

1. 基于唯象修正的 Walker 模型

　　研究表明，通过修正黏塑性本构模型的随动强化/动态恢复项，可以有效解决棘轮变形预测精度不高的问题[5, 64-69]。文献[64]总结了在 Walker 模型中进行背应力率修正的几种方法，这些模型通过在背应力率方程中直接或间接添加应力率项，修正了模型背应力在卸载过程中的演化进程，实现了 Walker 模型在特定材料和环境中的应用。Jordan 等[5]通过在背应力率演化方程中添加 Schmid 应力率一次项的方式，实现了对 PWA1480 的棘轮修正，修正后背应力率方程为

$$\dot{\omega}_r^o = \rho_1^o \dot{\gamma}_r^o + \rho_6^o \xi \dot{\pi}_r^o - \rho_2^o \left| \dot{\gamma}_r^o \right| \omega_r^o - \rho_3^o \left| \omega_r^o \right|^{p-1} \omega_r^o \tag{3.171}$$

式中，ρ_6^o 为与温度相关的材料常数；ξ 满足：

$$\xi = \frac{1}{2} \left| \text{sign}(\dot{\gamma}_r^o) - \frac{\omega_r^o}{\rho_1^o / \rho_2^o} \right| \tag{3.172}$$

然而，经测试发现，该 Schmid 应力率线性项在预测 DD6 的热机械疲劳变形时，未取得满意的效果，并且修正项会轻微改变原有等温试验的预测结果。为此，考虑到 DD6 的棘轮变形特性，基于类似的方法，在背应力率项中添加修正项，形成背应力率方程为

$$\dot{\omega}_r^o = \rho_1^o \dot{\gamma}_r^o + f(\dot{\pi}_r^o, \dot{T}) - \rho_2^o \left| \dot{\gamma}_r^o \right| \omega_r^o - \rho_3^o \left| \omega_r^o \right|^{p-1} \omega_r^o \tag{3.173}$$

式中，修正项 $f(\dot{\pi}_r^o, \dot{T})$ 为 Schmid 应力率 $\dot{\pi}_r^o$ 的多次函数和温度变化率 $\dot{T}$ 的函数。作者及其所在团队提出了如下修正形式：

$$f(\dot{\pi}_r^o, \dot{T}) = \left[a^o \left| \dot{\pi}_r^o \right|^3 \dot{\pi}_r^o + b^o \left(\dot{\pi}_r^o \right)^3 \right] \left| \text{sign}(\dot{T}) \right| \xi \tag{3.174}$$

式中，a^o、b^o 为与温度相关的材料常数。

等温试验时，温度变化率 $\dot{T}$ 为零，此时修正项值为零，即修正项只会影响加载/卸载过程，而在等温试验以及变温试验的高温保载段不起作用。这说明，引入修正项后的模型不会降低等温试验的预测精度。根据 DD6 的热机械疲劳试验数据，确定的背应力修正项中的常数如表 3.10 所示。

表 3.10　Walker 模型背应力修正项中的材料常数

材料参数	a^o	b^o
对于 IP TMF 的取值	3.478×10^{-4}	-7.067×10^{-2}
对于 OP TMF 的取值	5.344×10^{-4}	-1.062×10^{-1}

利用建立的本构模型对 IP TMF 进行数值模拟，同样每个条件开展 20 个循环，所有 IP TMF 试验第二个循环的应力-机械应变曲线如图 3.15 所示。修正前后的循环应力-机械应变曲线对比如图 3.16～图 3.18 所示。结果表明，在较低应力水平(300MPa、400MPa)下，修正模型有效抑制了原始模型对单晶 IP TMF 棘轮的过度预测。而在较高应力水平(500MPa)下，修正模型充分补足了原有模型对棘轮变形的不足估计。综上可知，添加修正项的背应力精确描述了 IP TMF 循环中

应力-机械应变曲线的运动趋势和棘轮大小,可以较为准确地描述DD6在IP TMF的变形。

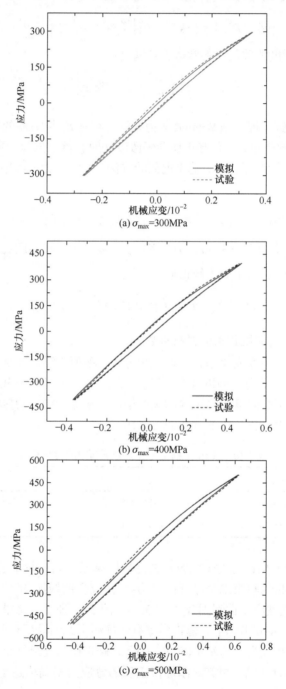

(a) σ_{max}=300MPa

(b) σ_{max}=400MPa

(c) σ_{max}=500MPa

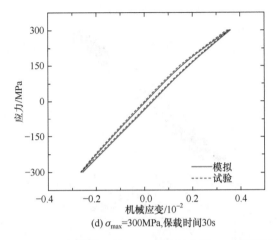

(d) σ_{max}=300MPa,保载时间30s

图 3.15　基于唯象修正的 Walker 模型对 IP TMF 模拟结果

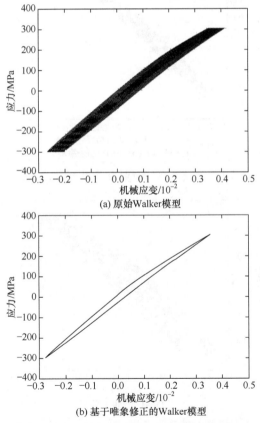

(a) 原始Walker模型

(b) 基于唯象修正的Walker模型

图 3.16　σ_{max} =300MPa 时 IP TMF 的数值模拟

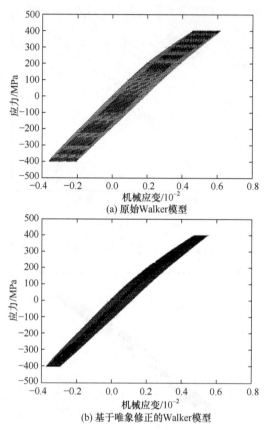

(a) 原始Walker模型

(b) 基于唯象修正的Walker模型

图 3.17　σ_{max} =400MPa 时 IP TMF 的数值模拟

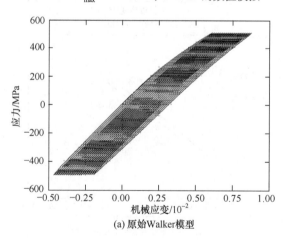

(a) 原始Walker模型

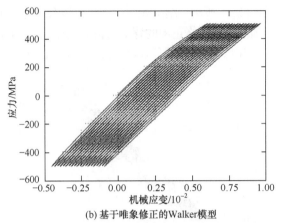

(b) 基于唯象修正的Walker模型

图 3.18　σ_{max} =500MPa 时 IP TMF 的数值模拟

　　然后对 OP TMF 进行数值模拟，同样每个条件开展 20 个循环，所有 OP TMF 试验第二个循环的应力-机械应变曲线如图 3.19 所示。修正前后的循环应力-机械应变

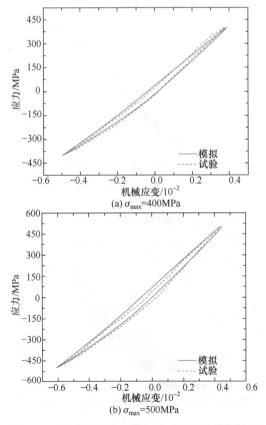

图 3.19　修正的 Walker 模型对 OP TMF 模拟结果

曲线对比如图 3.20 和图 3.21 所示。结果表明，修正模型有效抑制了原始模型对单晶 OP TMF 棘轮的过度预测。添加修正项的背应力精确描述了 OP TMF 循环中应力-机械应变曲线的运动趋势和棘轮大小，可以较为准确地描述 DD6 在 OP TMF 的变形。

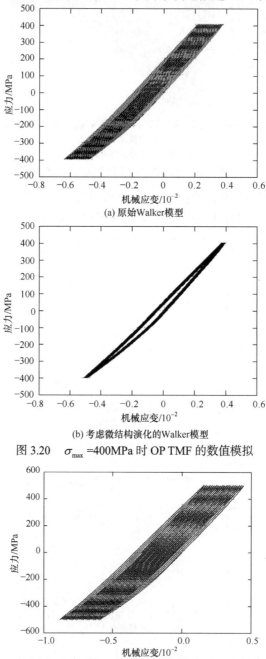

(a) 原始Walker模型

(b) 考虑微结构演化的Walker模型

图 3.20　σ_{max} =400MPa 时 OP TMF 的数值模拟

(a) 原始Walker模型

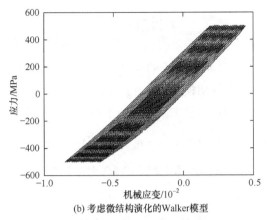

(b) 考虑微结构演化的Walker模型

图 3.21　$\sigma_{\max}$ =500MPa 时 OP TMF 的数值模拟

2. 考虑微结构演化的 Walker 模型

基于宏观唯象方法对传统基于晶体滑移理论的 Walker 模型进行修正，没有考虑材料变形过程中的细观机制。由 2.2 节和 2.3 节可知，在热机械疲劳条件下材料发生了微孔洞生长、微裂纹扩展等损伤行为以及筏化行为，这些典型行为对材料的变形具有一定的影响。

鉴于微孔洞生长、微裂纹扩展等损伤行为，试样的有效承载面积在试验过程中不断下降，导致试件真实应力不断增加。鉴于此，传统基于晶体滑移理论的 Walker 模型的 Schmid 应力应修正为

$$\pi = (\sigma/(1-D)):(\boldsymbol{m}\otimes\boldsymbol{n}) \tag{3.175}$$

式中，D 为损伤，表示为有效承载面积与初始承载面积之比。当试验平均应力为零时，采用经典的 Chaboche 损伤模型可表示为

$$\frac{\mathrm{d}D}{\mathrm{d}N} = [1-(1-D)^{\beta+1}]^{\alpha}\left[\frac{\sigma_{\max}}{M(1-D)}\right]^{\beta} \tag{3.176}$$

式中，α 为损伤指数；β 和 M 为与温度相关的材料参数。

在热机械疲劳试验中，镍基单晶高温合金持续发生筏化，基体通道宽度随着筏化的进行不断变化，与基体通道宽度相关的 Orowan 应力也不断变化，进而对材料的各向同性硬化产生影响[40, 70-72]。鉴于此，引入 Orowan 应力的改变量 $\Delta\tau_{\mathrm{Orowan}}$ 来修正热机械疲劳过程中材料的各向同性硬化。修正后的阻应力 K 和 $\Delta\tau_{\mathrm{Orowan}}$ 可表示为

$$K = K_{\mathrm{ori}} + \Delta\tau_{\mathrm{Orowan}} \tag{3.177}$$

$$\Delta\tau_{\text{Orowan}} = \sqrt{\frac{2}{3}}\,\overline{G}\,\overline{b}\left(\frac{1}{w(N)} - \frac{1}{w_{\text{cube}}}\right) \tag{3.178}$$

式中，K_{ori} 为传统基于晶体滑移理论的 Walker 模型中的八面体滑移系阻应力；$\overline{G}$ 和 $\overline{b}$ 为试验过程中的平均剪切模量和 Burgers 矢量的大小；$w(N)$ 和 w_{cube} 分别为筏化过程中基体通道宽度和初始状态基体通道宽度。$w(N)$ 可表示为

$$w(N) = \left(w_{\text{raft}} - w_{\text{cube}}\right)\xi(N) + w_{\text{cube}} \tag{3.179}$$

式中，w_{raft} 为完全筏化后基体通道宽度；$\xi(N)$ 为量化筏化程度的无量纲参数，通常可表示为

$$\xi(N) = 1 - \exp(-b\sigma^m N^n) \tag{3.180}$$

式中，σ 为名义应力；N 为循环数；b、n、m 均为材料参数。

Graverend 等[72]的研究表明，筏化对材料在非均匀温度下的回复机制和运动硬化有一定影响。对于传统基于晶体滑移理论的 Walker 模型，回复机制和运动硬化由背应力的演化方程描述。文献[5]通过在背应力演化方程中添加 Schmid 应力率一次项的方式，较好地预测了镍基单晶高温合金 PWA1480 的热机械疲劳变形行为。受此启发，将背应力演化方程修正为

$$\omega = \omega_{\text{ori}} + \rho_6 \xi\dot{\pi} \tag{3.181}$$

$$\xi = w(N)/w_{\text{cube}} \tag{3.182}$$

式中，ω_{ori} 为传统基于晶体滑移理论的 Walker 模型中的八面体滑移系背应力；ξ 为尺度因子；ρ_6 为与八面体滑移系中的加载条件相关的材料参数。ρ_6 可表示为

$$\rho_6 = A\Delta\pi + B \tag{3.183}$$

式中，A 和 B 为材料常数。

研究表明，w_{cube}、w_{raft} 与微结构周期 λ、γ' 相体积分数 $f_{\gamma'}$ 有关[40, 70]。微结构的周期 λ 与试验时间有关，但在 120h 内基本保持不变[40]。由于所有热机械疲劳试验时间在 120h 内，可以认为微结构周期保持不变。另外，研究表明，短时间的过热不能使 γ' 相的溶解过程达到热力学平衡，只有当温度达到 1050℃时 γ' 相才会发生显著溶解[70]。所有热机械疲劳试验的最高温度为 980℃，因此可以假设试验过程中 γ' 相体积分数保持不变。可以认为本书试验条件下 w_{cube}、w_{raft} 为常数，w_{cube}、w_{raft} 可以通过 SEM 观测试验前后镍基单晶高温合金金相试样获

得，初始状态基体通道宽度、IP TMF 试验后基体通道宽度和 OP TMF 试验后基体通道宽度分别为 0.065μm、0.175μm 和 0.02μm。材料常数 b、n、m 与筏化过程相关，可以通过拟合热机械疲劳不同试验阶段的基体通道宽度获得，当 $b=1.27\times10^{-23}$、$m=7.57$、$n=1.31$ 时，基体通道宽度的拟合结果如图 3.22 所示。材料常数 α、β、M、A、B (表 3.11)可以通过镍基单晶高温合金在 IP TMF 与 OP TMF 条件下的变形曲线获得。

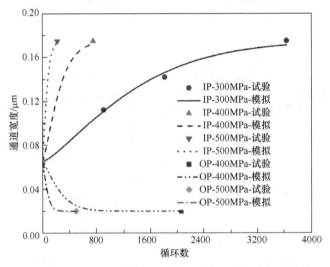

图 3.22　热机械疲劳试验不同阶段基体通道宽度拟合结果

表 3.11　考虑微结构演化的 Walker 模型附加材料常数

材料参数	α	β	M	A	B
对于 IP TMF 的取值	5.45	0.20	1825.08	-3.50×10^{-2}	6.33×10^{-0}
对于 OP TMF 的取值	6.26	0.50	1662.96	2.60×10^{-2}	-5.93×10^{-0}

利用考虑微结构演化的 Walker 模型对 DD6 在 500~980℃下的 IP TMF 与 OP TMF 变形行为进行了模拟。图 3.23 反映了修正前与修正后基于晶体滑移理论的 Walker 模型对 DD6 的 IP TMF 与 OP TMF 的模拟结果和试验数据的对比。结果表明,修正之前的模型在模拟 DD6 的热机械疲劳过程中的平均应变演化时与试验结果偏差较大,而考虑微结构演化的 Walker 模型对平均应变稳定变化阶段有较好的模拟,但是在不考虑损伤影响的情况下依然无法模拟平均应变的加速阶段。考虑损伤影响后的模拟结果如图 3.24 所示,可以看出,改进的本构模型能够实现平均应变曲线稳定阶段和加速阶段的准确模拟。

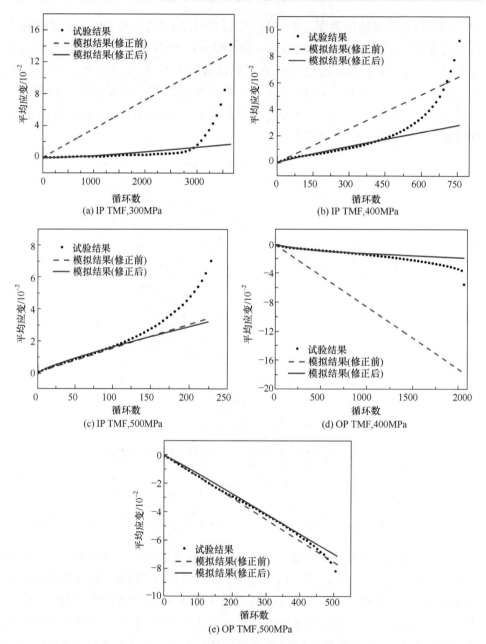

图 3.23　500～980℃下 DD6 平均应变的试验结果与模拟结果(未引入损伤)

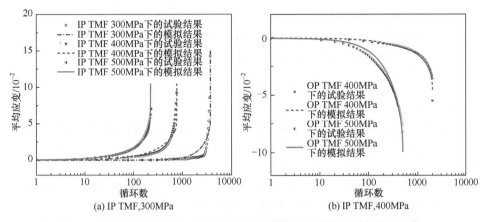

(a) IP TMF,300MPa　　　　　　　　(b) IP TMF,400MPa

图 3.24　500~980℃下 DD6 平均应变的试验结果与模拟结果(引入损伤)

3.4　本 章 小 结

本章简要总结了描述镍基单晶高温合金变形行为的各向异性黏塑性本构理论的发展历程,重点介绍了基于晶体滑移理论的本构模型的建立及有限元实现方法,并以国产第二代镍基单晶高温 DD6 为例介绍了基于晶体滑移理论的 Walker 模型材料参数的获取方法。尽管基于晶体滑移理论的 Walker 模型在描述 DD6 等温低循环疲劳时精度较高,但不能准确模拟热机械疲劳循环中的棘轮效应。为此,采用两种方法对本构模型进行了修正:

(1) 通过引入的背应力修正项修正基于晶体滑移理论的 Walker 模型,改变了背应力在循环加载/卸载(尤其是卸载)过程中的演化速率,从而实现了对热机械疲劳棘轮变形的准确描述。

(2) 通过引入与损伤和筏化相关的变量修正基于晶体滑移理论的 Walker 模型。修正的本构模型克服了传统基于晶体滑移理论的 Walker 模型在热机械疲劳变形行为模拟中过度预测棘轮行为的缺点,能够实现平均应变曲线稳定阶段和加速阶段的准确模拟,并且能够预测热机械疲劳载荷下的损伤和筏化演化。

参 考 文 献

[1] Walker K P, Jordan E H. Biaxial Constitutive Modelling and Testing of a Single Crystal Superalloy at Elevated Temperatures. London: Mechanical Engineering Publications, 1989.

[2] Jordan E H, Shi S X, Walker K P. The viscoplastic behavior of Hastelloy-X single crystal. International Journal of Plasticity, 1993, 9:119-139.

[3] Nissley D M, Meyer T G, Walker K P. Life prediction and constitutive models for engine hot section anisotropic materials program. NASA-CR-189222. Washington: NASA, 1992.

[4] Nissley D M, Meyer T G, Walker K P. Life prediction and constitutive models for engine hot section anisotropic materials program. NASA-CR-189223. Washington: NASA, 1992.

[5] Jordan E H, Walker K P. A viscoplastic model for single crystals. Journal of Engineering Materials and Technology, 1992, 114:19-26.

[6] 严宗达. 塑性力学. 天津: 天津出版社, 1988.

[7] 穆霞英. 蠕变力学. 西安: 西安交通大学, 1990.

[8] Walker K P. Research and development program for nonlinear structural modeling with advanced time-temperature dependent constitutive relationships. NASA-CR-165533. Washington: NASA, 1981.

[9] Chaboche J L. Viscoplastic constitutive equations for the description of cyclic and anisotropic behavior of metals. Academie Polonaise des Sciences, 1977, 25(1): 33-42.

[10] Miller A K. An inelastic constitutive model for monotonic, cyclic and creep deformation: Part I— Equations development and analytical procedures. Journal of Engineering Materials and Technology, 1976, 98: 97-105.

[11] Miller A K. An inelastic constitutive model for monotonic, cyclic and creep deformation: Part II— Application to type 304 stainless steel. Journal of Engineering Materials and Technology, 1976, 98: 106-113.

[12] Bodner S R, Partom Y. Constitutive equations for elastic-viscoplastic strain hardening materials. Journal of Applied Mechanics, 1975, 42: 385-389.

[13] Stouffer D C, Bodner S R. A constitutive model for the deformation induced anisotropoc plastic flow of metals. International Journal of Engineering Science, 1979, 17: 757-764.

[14] Krieg R D, Swearengen J C, Jones W B. A Physically Based Internal Variable Model for Rate Dependent Plasticity. Unified Constitutive Equations for Creep and Plasticity. Berlin: Springer, 1987: 245-271.

[15] Lee D, Zaverl Jr F. A generalized strain rate-dependent constitutive equation for anisotropic metals. Acta Metallurgical, 1978, 26(11): 1771-1780.

[16] Cernocky E P, Krempl E. A nonlinear uniaxial integral constitutive equation incorporating rate effects, creep and relaxation. International Journal of Non-linear Mechanics, 1979, 14:183-203.

[17] Hart E W. Constitutive relations for the nonelastic deformation of metals. Journal of Engineering Materials and Technology, 1976, 98:193-202.

[18] Valanis K C. On the foundations of the endochronic theory of viscoplasticity. Archiwum Mechaniki Stosowanej, 1968, 2: 857-868.

[19] Baltov A, Sawczuk A. A rule of anisotropic hardening. Acta Mechanical, 1961, 1(2): 81-92.

[20] Swanson G A, Linask I, Nissley D M, et al. Life prediction and constitutive models for engine hot section anisotropic materials program. NASA-CR-174952. Washington: NASA, 1986.

[21] Swanson G A, Linask I, Nissley D M, et al. Life prediction and constitutive models for engine hot section anisotropic materials program. NASA-CR-174954. Washington: NASA, 1987.

[22] 周柏卓. 各向异性高温涡轮叶片材料本构关系研究. 北京: 北京航空航天大学, 1997.

[23] 周柏卓, 聂景旭, 杨士杰. 正交各向异性材料粘塑性损伤统一本构模型关系研究. 航空动

力学报, 1999, 14(1): 357-361.

[24] 陶仙德, 尹泽勇, 高德平. DD3 单晶弹粘性损伤本构模型. 航空学报, 1998, 19(1): 35-40.

[25] 李海燕. 正交各向异性粘塑性损伤统一本构模型研究与应用. 北京: 北京航空航天大学, 2002.

[26] 王自强. 理论力学基础. 北京: 科学出版社, 2000.

[27] 王自强, 段祝平. 塑性细观力学. 北京: 科学出版社, 1995.

[28] Ghosh R N, Curtis R V, McLean M. Creep deformation of single crystal superalloys-modeling the crystallographic anisotropy. Acta Matellurgica et Materialia, 1990, 38(10):1977-1992.

[29] Pan L M, Scheibli I, Henderson M B, et al. Asymmetric creep deformation of a single crystal superalloy. Acta Matellurgica et Materialia, 1995, 43(4): 1375-1384.

[30] Pan L M, Shollock B A, McLean M. Modelling of high-temperature mechanical behavior of a single crystal superalloy. Proceedings of the Royal Society A: Mathematical, Physical and Engineering Sciences, 1997, 453: 1689-1715.

[31] 白露. 镍基单晶高温合金蠕变行为及其本构理论研究. 北京: 北京航空航天大学, 2010.

[32] Busso E P, McClintock F A. A dislocation mechanics-based crystallographic model of a B2-type intermetallic alloy. International Journal of Plasticity, 1996, 12(1): 1-28.

[33] Busso E P, Meissonnier F T, O'Dowd N P, et al. Length scale effects on the geometric softening of precipitated single crystals. Jounal de Physique IV France, 1998, 8: Pr8-55-Pr8-61.

[34] Busso E P, Meissonnier F T, O'Dowd N P. Gradient-dependent deformation of two-phase single crystals. Journal of the Mechanics and Physics of Solids, 2000, 48: 2333-2361.

[35] Nouailhas D, Lhuillier S. On the micro-macro modelling of γ/γ' single crystal behavior. Computational Materials Science, 1997, 9: 177-187.

[36] Chaboche J L, Lhuillier S, Nouailhas D. On the micromechanical modeling of the viscoplastic behavior of single crystal superalloys. Solid Mechanics and Its Applications, 1998, 60: 33-44.

[37] Choi Y S, Parthasarathy T A, Dimiduk D M, et al. Numerical study of the flow response and the geometric constraint effects in Ni-base two-phase single crystals using strain gradient plasticity. Materials Science and Engineering A, 2005, 397: 69-83.

[38] Choi Y S, Parthasarathy T A, Dimiduk D M, et al. Microstructural effects in modeling the flow behavior of single-crystal superalloys. Metallurgical and Materials Transactions A, 2006, 37A: 545-550.

[39] Fedelich B. A microstructure based constitutive model for the mechanical behavior at high temperatures of nickel-base single superalloys. Computational Materials Science, 1999, 16: 248-258.

[40] Fedelich B, Kunecke G, Epishin A, et al. Constitutive modelling of creep degradation due to rafting in single-crystalline Ni-base superalloys. Materials Science and Engineering A, 2009, 510: 273-277.

[41] Shenoy M, Tjiptowidjojo Y, McDowell D. Microstructure-sensitive modeling of polycrystalline IN 100. International Journal of Plasticity, 2008, 24:1694-1730.

[42] Dyson B F. Microstructure based creep constitutive model for precipitation strengthened alloys:

Theory and application. Materials Science and Technology, 2009, 25(2): 213-220.

[43] Cormier J, Cailletaud G. Constitutive modeling of the creep behavior of single crystal superalloys under non-isothermal conditions inducing phase transformations. Materials Science and Engineering A, 2010, 527: 6300-6312.

[44] Taylor G I. Plastic strain in metals. Journal of the Institute of Metals, 1938, 62: 307-324.

[45] Taylor G I, Elam C F. Bakerian lecture. The distortion of an aluminium crystal during a tensile test. Proceedings of the Royal Society of London-Series A: Containing Papers of a Mathematical and Physical Character, 1923, 102(719): 643-667.

[46] Taylor G I , Elam C F . The plastic extension and fracture of aluminium crystals. Proceedings of the Royal Society A: Mathematical, Physical and Engineering Sciences, 1925, 108(745): 28-51.

[47] Taylor G I . The mechanism of plastic deformation of crystals. Part I—Theoretical. Proceedings of the Royal Society A: Mathematical, Physical and Engineering Sciences, 1934, 145(855): 362-387.

[48] Schmid E, Boas W. Plasticity of Crystals. London: Chapman and Hall, 1950.

[49] Hill R. Generalized constitutive relations for incremental deformation of metal crystals by multislip. Journal of the Mechanics and Physics of Solids, 1966, 14(2): 95-102.

[50] Hill R, Rice J R. Constitutive analysis of elastic-plastic crystals at arbitrary strain. Journal of the Mechanics and Physics of Solids, 1972, 20(6): 401-413.

[51] Rice J R. Inelastic constitutive relations for solids: An internal-variable theory and its application to metal plasticity. Journal of the Mechanics and Physics of Solids, 1971, 19(6): 433-455.

[52] Asaro R J. Micromechanics of crystals and polycrystals. Advances in Applied Mechanics, 1983, 23: 1-115.

[53] Asaro R J, Rice J R. Strain localization in ductile single crystals. Journal of the Mechanics and Physics of Solids, 1977, 25(5): 309-338.

[54] Asaro R J. Crystal plasticity. Journal of Applied Mechanics, 1983, 50: 921-934.

[55] Peirce D, Asaro R J, Needleman A. An analysis of nonuniform and localized deformation in ductile single crystals. Acta Metallurgica, 1982, 30(6):1087-1119.

[56] 岳珠峰. 镍基单晶涡轮叶片结构强度设计. 北京: 科学出版社, 2008.

[57] 《航空发动机设计用材料数据手册》编委会. 航空发动机设计用材料数据手册(第四册). 北京: 航空工业出版社, 2010.

[58] 荆甫雷. 单晶涡轮叶片热机械疲劳寿命评估方法研究. 北京: 北京航空航天大学, 2013.

[59] 王勖成. 有限单元法. 北京: 清华大学出版社, 2003.

[60] 何君毅, 林祥都. 工程结构非线性问题的数值解法. 北京: 国防工业出版社, 1994.

[61] Zienkiewicz O C, Taylor R L. The Finite Element Method. London: McGraw-Hill Book Company, 1991.

[62] 颜庆津. 数值积分. 北京: 北京航空航天大学出版社, 2006.

[63] Burden R L, Faires J D. 数值分析(Numerical Analysis). 北京: 高等教育出版社, 2001.

[64] Freed A D, Walker K P. Model Development in Viscoplastic Ratchetting. Cleveland: Lewis Research Center, 1990.

[65] Chaboche J L. Modelling of ratchetting: Evaluation of various approaches. European Journal of Mechanics A: Solids, 1994, 13: 501-518.

[66] Chen X, Jiao R. Modified kinematic hardening rule for multiaxial ratcheting prediction. International Journal of Plasticity, 2004, 20(4): 871-898.

[67] McDowell D L, Lamar A B. Modeling ratchetting and anisotropic deformation with hardening dynamic recovery format models. Proceedings of Plasticity, 1989: 247-251.

[68] Chen X, Jiao R, Kim K S. On the Ohno-Wang kinematic hardening rules for multiaxial ratcheting modeling of medium carbon steel. International Journal of Plasticity, 2005, 21(1):161-184.

[69] Colak O U. Kinematic hardening rules for modeling uniaxial and multiaxial ratcheting. Materials & Design, 2008, 29(8):1575-1581.

[70] Fan Y N, Shi H J, Qiu W H. Constitutive modeling of creep behavior in single crystal superalloys: Effects of rafting at high temperatures. Materials Science & Engineering A, 2015, 644(7): 225-233.

[71] Shastry C G, Kelekanjeri V S G, Vishwanath T, et al. Physical interpretation of creep in single crystal René N4TM based on a phenomenological model. Materials Science & Engineering A, 2013, 585:47-56.

[72] Graverend J B L, Cormier J, Gallerneau F, et al. A microstructure-sensitive constitutive modeling of the inelastic behavior of single crystal nickel-based superalloys at very high temperature. International Journal of Plasticity, 2014, 59(10): 55-83.

第4章　镍基单晶高温合金热机械疲劳寿命预测方法

借助第 3 章建立的各向异性本构模型，可以实现镍基单晶高温合金热机械疲劳行为的准确描述。在此基础上，还需建立镍基单晶高温合金热机械疲劳寿命模型，才能实现对镍基单晶涡轮叶片热机械疲劳的寿命评估。不同于多晶材料，镍基单晶高温合金的疲劳寿命具有明显的晶体取向依赖性，传统针对各向同性材料的高温疲劳寿命预测模型难以直接应用于镍基单晶高温合金。本章介绍各向异性材料的疲劳寿命预测方法，以及考虑应力集中影响的热机械疲劳寿命预测方法；以国产第二代镍基单晶高温合金 DD6 为例，分别建立基于循环损伤累积理论和基于非线性损伤累积理论的热机械疲劳寿命预测模型；以涡轮叶片气膜孔等典型特征部位为对象，实现镍基单晶高温合金气膜孔模拟试件的热机械疲劳寿命预测。

4.1　各向异性材料疲劳寿命预测方法

国内外常用的高温疲劳寿命预测方法通常是针对各向同性材料的，若将这些模型直接应用于具有正交各向异性特性的镍基单晶高温合金，则难以反映各向异性材料疲劳寿命的晶体取向相关性。

文献[1]～[3]认为弹性模量的方向性变化是引起镍基单晶高温合金高温疲劳损伤的晶体取向相关性的主要原因，将晶体弹性模量及取向参数引入各向同性材料的寿命模型中，预测了镍基单晶高温合金 SRR99、DD3 和 DD6 不同晶体取向的疲劳寿命。文献[3]将取向因子 $f\left(A_{hkl}\right)$ 定义为

$$f\left(A_{hkl}\right) = 1 - \left(2 + 2\nu_{[001]} - \frac{E_{[001]}}{G_{[001]}}\right)A_{hkl} \tag{4.1}$$

$$A_{hkl} = \frac{h^2k^2 + k^2l^2 + l^2h^2}{\left(h^2 + k^2 + l^2\right)^2} \tag{4.2}$$

式中，A_{hkl} 为取向参数；$[h\ \ k\ \ l]$ 为晶体取向；$\nu_{[001]}$、$E_{[001]}$ 和 $G_{[001]}$ 分别为[001]取向的泊松比、弹性模量和剪切模量。此外，Gallerneau 等[4]采用循环损伤累积方法，在唯象的正交各向异性 Chaboche 黏塑性本构模型中，引入表征表面微裂纹萌生、表面微裂纹扩展、蠕变以及氧化的各向同性损伤参量，并对标准试件高温疲劳寿命以及薄壁试件的热机械疲劳寿命进行了预测。采用类似的方法，周柏卓[5]

和李海燕[6]在唯象的正交各向异性 Walker 黏塑性本构模型中引入各向同性的蠕变损伤和疲劳损伤参量,并分别对镍基单晶高温合金 DD3 和 DD6 的蠕变-疲劳寿命进行了预测。对于镍基单晶高温合金,滑移是其主要的非弹性变形机制[7,8]。疲劳损伤主要在特定的滑移面上累积并引起裂纹的萌生和扩展。鉴于此,在多轴疲劳寿命分析中普遍使用的基于临界平面的寿命预测方法被引入镍基单晶高温合金疲劳寿命预测中,通常选用特定滑移平面作为临界平面,该类模型可以考虑镍基单晶高温合金高温疲劳损伤的晶体取向相关性影响[9,10]。常见的基于临界平面法的镍基单晶高温合金疲劳寿命模型[9,11-14]主要有 Kandil 模型、Socie 模型、Findley 模型、FSK 模型、CCB 模型,其表达式分别如式(4.3)~式(4.7)所示:

$$f_1(N) = \gamma_{\max} + S\varepsilon_n \tag{4.3}$$

$$f_2(N) = \frac{\Delta\gamma}{2} + \frac{\Delta\varepsilon_n}{2} + \frac{\sigma_{no}}{E} \tag{4.4}$$

$$f_3(N) = \tau_{\max} + k\sigma_n^{\max} \tag{4.5}$$

$$f_4(N) = \frac{\Delta\gamma}{2}\left(1 + k\frac{\sigma_n^{\max}}{\sigma_y}\right) \tag{4.6}$$

$$f_5(N) = 2\gamma_a\tau_{\max} + \varepsilon_a\sigma_n^{\max} \tag{4.7}$$

式中,N 为疲劳寿命;$\gamma_{\max}$、$\Delta\gamma$ 和 $\tau_{\max}$ 分别为所有滑移系上的最大剪切应变、最大剪切应变范围和最大分切应力,并以所在的滑移系作为临界滑移系,而临界滑移系所在的滑移面即首先发生疲劳破坏的临界平面;ε_n 和 $\Delta\varepsilon_n$ 分别为临界滑移系上的正应变和正应变范围;σ_{no} 和 $\sigma_n^{\max}$ 分别为临界滑移系上的平均正应力和最大正应力;γ_a 和 ε_a 分别为临界滑移系上的剪切应变和正应变幅值;E 为弹性模量;σ_y 为与材料宏观屈服所对应的滑移系临界分切应力;S 和 k 为拟合系数。上述模型主要用于镍基单晶高温合金高循环疲劳寿命预测。由于缺少表征晶体非弹性变形的相关项(如滑移剪切应变),即无法准确体现非弹性变形对寿命的影响,故对低循环疲劳和蠕变-疲劳寿命预测的精度较低[9,15]。针对镍基单晶高温合金低循环疲劳和蠕变-疲劳寿命预测问题,Levkovitch 等[16]建立了如下形式的镍基单晶高温合金损伤率模型:

$$\dot{D} = \sum_{r=1}^{12}\left(\frac{|\pi_r^o|}{\pi_{\mathrm{ref}}^o}\right)^{m_o}\left(\frac{|\dot{\gamma}_r^o|}{\dot{\gamma}_{\mathrm{ref}}^o}\right)^{n_o}\dot{\gamma}_{\mathrm{ref}}^o + \sum_{r=1}^{6}\left(\frac{|\pi_r^c|}{\pi_{\mathrm{ref}}^c}\right)^{m_c}\left(\frac{|\dot{\gamma}_r^c|}{\dot{\gamma}_{\mathrm{ref}}^c}\right)^{n_c}\dot{\gamma}_{\mathrm{ref}}^c \tag{4.8}$$

式中,$\dot{D}$ 为镍基单晶高温合金的损伤率;π_r^o 和 π_r^c 分别为八面体滑移系和六面体滑移系上的 Schmid 应力;$\dot{\gamma}_r^o$ 和 $\dot{\gamma}_r^c$ 分别为八面体滑移系和六面体滑移系上的滑移剪切应变率;π_{ref}^o 和 π_{ref}^c 分别为八面体滑移系和六面体滑移系上的参考 Schmid 应力；$\dot{\gamma}_{\text{ref}}^o$ 和 $\dot{\gamma}_{\text{ref}}^c$ 分别为八面体滑移系和六面体滑移系上的参考滑移剪切应变率；π_{ref}^o、$\dot{\gamma}_{\text{ref}}^o$、$\pi_{\text{ref}}^c$、$\dot{\gamma}_{\text{ref}}^c$、$m_o$、$n_o$、$m_c$、$n_c$ 均为模型材料常数，π_{ref}^o、π_{ref}^c、m_o、m_c 表征镍基单晶高温合金损伤的应力相关性，而 $\dot{\gamma}_{\text{ref}}^o$、$\dot{\gamma}_{\text{ref}}^c$、$n_o$、$n_c$ 表征镍基单晶高温合金损伤的时间相关性。从式(4.8)可以看出，镍基单晶高温合金损伤率模型的形式是率相关的，在进行寿命预测时需要对其进行积分，计算过程十分复杂。为了克服这一问题，Tinga 等[17]将上述模型改写为如下形式：

$$\Delta D_f = \sum_{r=1}^{12} \left(\frac{\left| \pi_r^o \right|_{\max}}{\pi_{\text{ref}}^o} \right)^{m_o} \left(\frac{\left| \dot{\gamma}_r^o \right|_{\max}}{\dot{\gamma}_{\text{ref}}^o} \right)^{n_o} \exp\left(-\frac{Q_o}{RT} \right)$$
$$+ \sum_{r=1}^{6} \left(\frac{\left| \pi_r^c \right|_{\max}}{\pi_{\text{ref}}^c} \right)^{m_c} \left(\frac{\left| \dot{\gamma}_r^c \right|_{\max}}{\dot{\gamma}_{\text{ref}}^c} \right)^{n_c} \exp\left(-\frac{Q_c}{RT} \right)$$

(4.9)

式中，ΔD_f 为一个循环的低循环疲劳损伤量；$\left| \pi_r^o \right|_{\max}$ 和 $\left| \pi_r^c \right|_{\max}$ 分别为循环过程中八面体滑移系和六面体滑移系上的绝对值最大 Schmid 应力；$\left| \dot{\gamma}_r^o \right|_{\max}$ 和 $\left| \dot{\gamma}_r^c \right|_{\max}$ 分别为循环过程中八面体滑移系和六面体滑移系上的绝对值最大滑移剪切应变率；Q_o 和 Q_c 分别为八面体滑移系和六面体滑移系的活化能；R 为气体常数；T 为热力学温度。式(4.9)避免了复杂的积分过程，便于实际应用。相比宏观唯象的修正方法，基于临界平面的寿命预测方法能够从微细观的角度解释镍基单晶高温合金疲劳寿命晶体取向相关性的机理，在解决单晶合金高温疲劳损伤晶体取向相关性问题的同时，可反映疲劳破坏的细观特征，因此目前被广泛应用于镍基单晶高温合金的疲劳寿命预测。

考虑到热机械疲劳循环过程中温度随时间的变化以及温度和机械载荷之间相位的差异所引起的损伤机理差异，传统高温疲劳寿命模型无法直接推广应用于热机械疲劳寿命预测。已有试验结果表明，IP TMF、OP TMF 寿命虽与恒定温度、相同机械载荷的低循环疲劳寿命存在较大差异，但是相同相位角的热机械疲劳寿命随载荷范围、最高温度等的变化趋势与低循环疲劳在很大程度上存在相似性。因此，研究人员提出了基于唯象方法修正的寿命预测模型，采用与已有低循环疲劳寿命模型相同的函数形式，将模型中的材料常数针对热机械疲劳重新获取，必要时修正损伤参量的形式，进行热机械疲劳寿命预测，如修正的应变/应变能范围区分法、Ostergren模型等。此类方法形式相对简单，便于工程应用，在试验数据充分的情况下预测精度高；但是未能全面考虑各种损伤机制的交互作用，只能用于由温度、机械载荷及其组合约束的有限范围内。此外，还有学者提出了基于热机械疲劳损伤的物理机制的寿命预测模型，该类方法考虑了疲劳、蠕变、氧化交互作用，典型的考虑损伤物理机制的热机械疲劳寿命预测模型的对比如表4.1所示[18-23]。以 Neu-Sehitoglu 模型 [18]

为例，该模型假设每个热机械疲劳循环的总损伤通过疲劳、氧化、蠕变损伤的线性累积得到，其表达式为

$$N_{\text{TMF}} = \left(\frac{1}{N_f^{\text{fat}}} + \frac{1}{N_f^{\text{ev}}} + \frac{1}{N_f^{\text{creep}}} \right)^{-1} \tag{4.10}$$

$$N_f^{\text{fat}} = C_{\text{in}} f_{\text{in}}(w) (\Delta \varepsilon_m)^{d_{\text{in}}} \tag{4.11}$$

$$N_f^{\text{ev}} = \left(\frac{h_{\text{cr}} \delta_0}{B \Phi^{\text{ev}} K_{\text{peff}}} \right)^{1/\beta} \frac{\dot{\varepsilon}^{1-b/\beta}}{2(\Delta \varepsilon_m)^{2/\beta+1}} \tag{4.12}$$

$$N_f^{\text{creep}} = \int_0^{t_c} A_{\text{cr}} \Phi_{\text{cr}} \exp\left(\frac{-\Delta H}{RT} \right) \left(\frac{\alpha_1 \bar{\sigma} + \alpha_2 \bar{\sigma}_H}{K} \right)^m \mathrm{d}t \tag{4.13}$$

式中，N_{TMF} 为热机械疲劳寿命；N_f^{fat} 为等温疲劳引起的失效循环数，用于反映疲劳损伤；$\Delta \varepsilon_m$ 为机械应变范围；$f_{\text{in}}(w)$ 为晶向函数，用于考虑单晶疲劳性能的晶体取向相关性；C_{in} 和 d_{in} 为与疲劳损伤相关的材料参数；N_f^{ev} 为氧化引起的失效循环数，用于反映氧化损伤；Φ^{ev} 为氧化损伤相位因子；K_{peff} 为有效氧化抛物线常数；$\dot{\varepsilon}$ 为机械应变率；h_{cr} 为裂纹扩展后氧化侵蚀轨迹的临界长度；δ_0 为氧化和 γ' 消耗区的延展性测量结果；B 为与氧化损伤相关的材料常数；b 和 β 为与时间相关的机械应变范围指数；N_f^{creep} 为蠕变引起的失效循环数，用于反映蠕变损伤；$\bar{\sigma}$ 为等效应力；$\bar{\sigma}_H$ 为静水应力；Φ_{cr} 为蠕变损伤相位因子；K 为阻应力；ΔH 为激活能；α_1 和 α_2 为表示拉伸和压缩过程相对损伤程度的尺度因子；t_c 为发生蠕变损伤的时间范围；A_{cr} 和 m 为与蠕变损伤相关的材料参数。Neu-Sehitoglu 模型适用于复杂载荷下的寿命预测，可根据各损伤项的相对大小分析主导破坏的因素，但是模型材料常数众多，获取过程复杂，且需要惰性气氛/真空试验进行氧化损伤解耦。此外，该模型中疲劳损伤只与宏观机械应变范围相关，对于循环非对称等情况精度不足。

表 4.1　典型的考虑损伤物理机制的热机械疲劳寿命预测模型对比[18-23]

模型	模型组成			是否考虑平均应力影响
Chaboche 模型	疲劳损伤	蠕变损伤	氧化损伤	是
Reuchet-Remy 模型	疲劳损伤	否	氧化损伤	否
HOST Program 模型	疲劳损伤	蠕变/氧化耦合损伤		是
Neu-Sehitoglu 模型	疲劳损伤	蠕变损伤	氧化损伤	否
Ostergren 模型	疲劳损伤			是

4.2 考虑应力集中影响的疲劳寿命预测方法

由于实际结构几何不连续，在受载过程中常常存在应力集中现象。目前考虑应力集中影响的结构疲劳寿命分析方法主要有名义应力法、局部应力应变法、应力场强法以及临界距离理论等四类方法[24]。

4.2.1 名义应力法

名义应力法[25,26]是最早采用的考虑应力集中影响的疲劳寿命预测方法。它以材料的应力-寿命曲线(S-N 曲线)为分析依据，采用应力集中系数衡量试件或结构的应力集中程度，并基于名义应力和疲劳损伤累积理论，确定试件或结构的疲劳寿命。名义应力法常用于预测高循环疲劳裂纹萌生寿命[27]。

名义应力法认为，对于任意构件，只要材料相同、应力集中系数相同、载荷谱相同，那么它们的寿命必然相同。对于组成相同的材料，需要获取不同应力集中系数下材料的 S-N 曲线，以进行疲劳寿命预测。如果需要进行无限寿命设计，则需要各种应力集中系数下材料的疲劳极限图。

用名义应力法估算结构疲劳寿命可分为五个步骤：

(1) 确定结构中的疲劳危险部位。

(2) 求出危险部位的名义应力与应力集中系数。

(3) 根据载荷谱确定危险部位的名义应力谱。

(4) 应用插值法求出当前的应力集中系数与应力水平下的 S-N 曲线。

(5) 应用疲劳损伤累积理论，求出危险部位的疲劳寿命。

可以看出，名义应力法的关键是获取 S-N 曲线。获取 S-N 曲线的方法一般有两种：一是直接按照结构的名义应力和相应的 S-N 曲线估算其疲劳寿命；二是对材料的 S-N 曲线进行修正，获取结构的 S-N 曲线再估算其疲劳寿命。第一种方法虽然相对可靠，但是考虑到结构几何形状和边界条件千变万化，在绝大多数情况下是不现实的，因此一般采用第二种方法。将材料的 S-N 曲线修正为结构的 S-N 曲线，需要考虑的因素较多，通常根据实际情况引入与结构相关的变量进行修正，如

$$S_a = \frac{\sigma_a}{K_f} \bar{\varepsilon} \bar{\beta} C_L \qquad (4.14)$$

式中，σ_a 为材料的 S-N 曲线的应力；S_a 为结构的 S-N 曲线的应力；K_f 为疲劳缺口系数；$\bar{\varepsilon}$ 为尺寸系数；$\bar{\beta}$ 为表面质量系数；C_L 为与加载方式有关的系数。如果外载荷的平均应力不等于零，还要进行平均应力修正，并应用疲劳损伤累积理论

估算该结构的疲劳寿命。

名义应力法的原理简单，但也它存在一定的不足：一方面，名义应力法基本假设与实际疲劳机理不符，没有考虑缺口根部的局部塑性影响，更无法考虑加载顺序的影响；另一方面，该方法在使用过程中需要大量的疲劳性能数据，且参数的选取依赖于经验，因此预测结果不稳定，多适用于经常使用的结构形式。此外，随着新材料的工程应用，已经积累的大量 S-N 曲线无法直接应用于新材料结构的疲劳寿命分析。

4.2.2　局部应力应变法

局部应力应变法是一种结合材料循环应力-应变曲线，通过弹塑性有限元分析或者其他数值方法，将构件上的名义应力谱转换成危险部位的局部应力-应变谱，再根据危险部位的局部应力应变历程估算寿命的方法。其研究对象是构件的疲劳危险部位的局部区域[28]。局部应力应变法的基本假设认为，若构件危险部位的最大应力应变历程与同种材料光滑试样的应力应变历程相同，则它们的疲劳寿命相同。局部应力应变法利用等应变(应力)等损伤的假设将构件疲劳危险部位的局部区域在疲劳载荷作用下的变形、损伤历程与标准光滑试件的疲劳性能曲线对应起来[29, 30]，用局部应力应变法估算结构疲劳寿命的步骤可总结为：

(1) 确定结构中的疲劳危险部位。

(2) 求出危险部位的名义应力谱。

(3) 采用弹塑性有限元法或其他方法计算结构局部循环应力-应变谱。

(4) 查找当前应力应变水平下的应变-寿命曲线(ε-N 曲线)。

(5) 应用疲劳累积损伤理论，求出危险部位的疲劳寿命。

可以看出，局部应力应变法应用的核心数据是材料循环应力-应变曲线和 ε-N 曲线。以常用的 Manson-Coffin 公式为例，其表达式为

$$\varepsilon_a = \varepsilon_{ea} + \varepsilon_{pa} = \frac{\sigma_f'}{E}(2N)^b + \varepsilon_f'(2N)^c \tag{4.15}$$

式中，ε_a 为总应变幅值；ε_{ea} 为弹性应变幅值；ε_{pa} 为塑性应变幅值；σ_f' 为疲劳强度系数；ε_f' 为疲劳延续系数；b 为疲劳强度指数；c 为疲劳延续指数。该公式描述了适用于 $R_\varepsilon = -1$ 情况下的 ε-N 曲线。而实际情况大多是非对称应变循环，需要对该公式进行一定的修正以反映平均应力的影响。一种修正方法是将疲劳强度系数修正为 $\sigma_f' - \sigma_m$，其中 σ_m 是平均应力；另一种修正方法是引入一个包含平均应力的参量，即等效应变 ε_{eq}，这就是等效应变-寿命曲线(ε_{eq}-N 曲线)，其中 ε_{eq} 定义为

$$\varepsilon_{\text{eq}} = \left(2\varepsilon_a\right)^m \left(\frac{\sigma_{\max}}{E}\right)^{1-m} \tag{4.16}$$

式中，$\sigma_{\max}$ 为最大应力；m 为材料常数。

疲劳寿命对于局部应变十分敏感，因此局部应力-应变谱的确定也是局部应力应变法的关键。然而，结构疲劳损伤由材料塑性形变引起，实际结构中某些应力集中部位往往进入塑性状态，此时缺口根部的应力应变关系为非线性关系，这使得局部应力-应变谱的确定非常困难。目前确定局部应力-应变谱的方法主要有试验方法、近似计算方法与弹塑性有限元法。试验方法虽然直观，但是费用高、周期长，一般情况下不宜采用。近似计算方法应用比较广泛，如 Neuber 法[31]。弹塑性有限元法是基于有限元计算确定应力应变历程的方法。与 Neuber 法相比，弹塑性有限元法限制较少，适用于各种边界条件，且可分析多轴载荷作用下的局部应力应变分布。在采用 Neuber 法或弹塑性有限元法进行局部应力-应变谱的计算时，通常有稳态法和瞬态法两种算法，其区别在于：稳态法假设在循环加载过程中材料的循环硬化/循环软化、循环蠕变/循环松弛等瞬态行为不明显，因此循环应力-应变曲线在结构局部应力应变分析中是不变的；瞬态法则考虑材料在循环加载过程中材料的循环硬化/循环软化、循环蠕变/循环松弛等瞬态行为。稳态法计算较为简单，仅当疲劳寿命在 $10^1 \sim 10^5$ 次循环时精度高；瞬态法的计算较为复杂，但在 $10^1 \sim 10^8$ 次循环时精度较高，且适用于任何金属材料。

局部应力应变法是一种较为成熟的疲劳寿命预测方法，由于局部应力应变法在疲劳寿命估算中考虑塑性应变和载荷顺序的影响，其估算得到的疲劳裂纹萌生寿命通常比较符合实际结果，其精度比名义应力法高，并广泛应用于工程问题，但此方法也存在一定的不足：一方面，无法考虑应力集中处的应力梯度和多轴应力的影响；另一方面，计算时大多依赖于经验公式，需要获取较多的材料性能参数，但这些参数往往不易准确获得，导致计算结果精度稳定性差。

4.2.3　应力场强法

应力场强法基于材料的循环应力-应变曲线，通过弹塑性有限元计算缺口件的应力应变历程，根据材料的 S-N 曲线或 ε-N 曲线，并结合疲劳累积损伤理论估算缺口件的疲劳寿命。

应力场强法的基本原理是将结构件存在的缺口视为"薄弱环节"，在静载、动载以及疲劳载荷等条件下，均认为缺口决定了整个结构的强度和寿命。这一原理的提出，依据疲劳研究中观察到的典型现象，即结构应力峰值点周围的应力梯度与应力应变场直接影响结构的疲劳寿命。应力场强法从疲劳破坏机理出发，认为疲劳是一种局部损伤现象，不仅与缺口根部峰值应力点有关，而且与该点周围数个或数十个晶粒范围内的应力应变分布有关[32,33]。

应力场强法的基本假设为：若缺口根部的应力场强度历程和光滑试验件的应力场强度历程相同，则两者寿命相同。在这一假设中，缺口应力场强度定义为

$$\sigma_{\text{FL}} = \frac{1}{V} \int_{\Omega} f(\sigma_{ij}) \varphi(r) \mathrm{d}v \tag{4.17}$$

式中，σ_{FL} 为缺口应力场强度；Ω 为缺口破坏区；V 为 Ω 的体积；$f(\sigma_{ij})$ 为破坏应力函数；$\varphi(r)$ 为权函数。

根据常见的疲劳裂纹萌生模型，在数个甚至数十个晶粒内，"外力"的作用使得材料的微观结构发生不可逆变化(即损伤)，这种不可逆变化的累积是疲劳裂纹萌生的主要原因。基于这种思想，缺口疲劳区的大小和形状只与材料的性能有关，缺口破坏区尺寸一般为数个至数十个晶粒尺寸。

破坏应力函数 $f(\sigma_{ij})$ 是对疲劳破坏、疲劳损伤驱动力的直接描述，反映了材料和应力场两个因素对缺口强度的影响程度。不同的材料需要采用不同的强度理论：对于比例加载下的碳钢、铝合金、钛合金等各向同性韧性金属材料，可用 von Mises 等效应力公式；对于铸铁等各向同性脆性金属材料，可用最大应力公式；对于各向异性材料，可采用 Tsai-Hill 或 Tsai-Wu 准则[34, 35]等。另外，应力场决定了材料的应力状态，即使最大应力相同，当应力场状态不同时，其缺口强度也不相同。针对单轴、多轴应力状态，选取的破坏应力函数应能体现其对缺口强度的影响。

权函数 $\varphi(r)$ 在物理上表征了危险点处应力对距离该点 r 处峰值应力的贡献。依据疲劳破坏机理，权函数需要考虑两方面因素：一是疲劳损伤的累积是区域性的，与一定范围内的应力应变场有关；二是相比材料内部，材料表面处不可逆的形变更容易发生。这两点决定了权函数的形式。

应力场强法估算结构疲劳寿命时以应力作为控制参量，可总结为如下三个步骤：首先，进行局部应力应变分析，根据载荷谱并结合有限元等方法确定结构的危险部位；然后，按照应力场强法的计算表达式计算得到结构危险部位的应力场强度；最后，根据材料的 S-N 曲线，结合疲劳累积损伤理论，估算结构的疲劳寿命。可以看出，材料的 S-N 曲线是应力场强法估算结构疲劳寿命的关键因素。

求解时，也可用应变作为控制参量，分析过程是类似的：首先，进行局部应力应变分析，根据载荷谱并结合有限元等方法确定结构的危险部位；然后，按照应变场强法的计算表达式计算得到结构危险部位的应变场强度；最后，根据所得参量查找材料的 ε-N 曲线，结合疲劳累积损伤理论，估算结构的疲劳寿命。

相比其他寿命预测方法，应力场强法可反映多种疲劳现象：一方面，可以解释不同几何构型材料疲劳缺口缩减系数的差异；另一方面，可以解释不同加载方

式及多轴疲劳载荷下材料疲劳极限的变化。在估算试件疲劳尺寸系数时，也可应用应力场强法。

4.2.4　临界距离理论

实际应用中发现，绝大多数材料具有缺口尺寸效应，即对于某种材料具有相同理论应力集中系数 K_t 的缺口构件，缺口根部半径越小，疲劳强度越高。大量研究表明，这是由于应力集中仅对一定范围内的材料产生影响。这样，临界距离的概念随之产生。临界距离理论的本质是，当且仅当某个临界区域内平均应力超过材料的疲劳强度时，缺口构件才会发生失效。缺口构件发生疲劳破坏，其等效应力与疲劳损伤区临界距离范围内的应力场有关。因此，当临界距离确定后，就可通过临界距离范围内的应力场计算结构的疲劳寿命。

Neuber[36, 37]最早提出运用临界距离理论预测缺口构件疲劳强度，并建议用缺口尖端疲劳损伤区域内的平均应力来表征应力集中造成的实际损伤，代替理论应力集中系数 K_t 得到的应力。为了方便应用，Neuber 提出用缺口尖端沿缺口平分线上一定距离内的平均应力预测缺口构件的高循环疲劳强度，该方法后来被 Taylor[38]称为线方法。

Peterson[39]参考 Neuber 的疲劳损伤区思想，提出了一种更为简单的计算缺口构件的参考应力的方法，即选取远离峰值应力点一定距离处的应力(对应光滑试样的疲劳极限)作为缺口构件的疲劳极限，该方法后来被 Taylor[38]称为点方法。

当时有限元方法尚未建立，想要得到应力集中区域精确的线弹性应力场分布十分困难，故直接使用线方法或点方法解决工程问题是不现实的。为了便于工程应用，Neuber 和 Peterson 分别提出了疲劳缺口因子 K_f (用于度量缺口构件疲劳极限相对于光滑试样疲劳极限的减少程度)的经验公式，即著名的 Neuber 公式(式(4.18))[36]以及 Peterson 公式(式(4.19))[39]：

$$K_f = 1 + (K_t - 1) / (1 + \sqrt{\alpha_N / \rho}) \tag{4.18}$$

$$K_f' = 1 + (K_t - 1) / (1 + \alpha_P / \rho) \tag{4.19}$$

式中，ρ 为缺口根部半径；α_N 和 α_P 为与材料相关的经验常数。需要指出的是，Neuber 和 Peterson 对 α_N 和 α_P 的计算仅使用了材料的抗拉强度。

随着断裂力学的发展，断裂力学理论在低循环疲劳损伤容限设计中逐步得到了广泛的应用。应用断裂力学预测构件疲劳失效寿命需要确定裂纹扩展速率以及构件失效时的临界裂纹长度，而在高循环疲劳中裂纹扩展寿命仅占总寿命的很小一部分，即使构件失效，裂纹长度往往都比较小，难以确定[40]。对于构件中没有明显裂纹/钝缺口的情况，断裂力学的预测结果与实际结果存在一定偏差。研究表明，这可能与材料本身的性质有关，即当裂纹长度接近材料的特征长度时材料会失效，人们将其称为短裂纹问题。为了考虑短裂纹的影响，El Haddad 等[41]引入一个材料常数 a_0，可理解为材料的"固有裂纹"长度，即

$$a_0 = \frac{1}{\pi} \frac{\Delta K_{th} - 1}{\Delta \sigma_0} \tag{4.20}$$

式中，ΔK_{th} 为材料的门槛应力强度因子范围；$\Delta \sigma_0$ 为材料的疲劳极限。

随着有限元方法的发展以及计算机计算能力的提升，精确求解缺口周围的应力场成为可能，因而临界距离理论再次受到了人们的关注。Tanaka[42]率先注意到，如果将 Neuber 的疲劳损伤区思想应用到尖裂纹问题，即对裂纹尖端特征长度为 l_0 的区域内的应力求平均，并使之与裂纹尺度无限小的裂纹构件疲劳极限相等，则有 $l_0 = 2a_0$。这样，得到了裂纹长度为 a 的疲劳缺口因子表达式：

$$K_f = \sqrt{1 + a/a_0} \tag{4.21}$$

Taylor[38]和 Lazzarin[43,44]对此问题也分别进行了独立的研究，并得到了一致的结论。Taylor 指出，基于分析裂纹构件得到的点方法和线方法，同样可以用于缺口构件的疲劳极限预测[38]。将 El Haddad 参数 a_0 看成材料疲劳极限对应的特征长度，线方法可以表示为[38]

$$\Delta \sigma_{eff} = \frac{1}{D_{LM}} \int_0^{D_{LM}} \Delta \sigma_1 (r, \theta = 0) dr \tag{4.22}$$

式中，$\Delta \sigma_{eff}$ 为平均最大主应力范围；$\Delta \sigma_1$ 为最大主应力范围；$D_{LM} = 2a_0$ 为线方法积分区域的临界距离长度；θ 为缺口平分线与应力提取路径的夹角。对于疲劳，失效准则定义为疲劳损伤区内(即从缺口尖端沿缺口平分线 $2a_0$ 长度内)的平均最大主应力范围 $\Delta \sigma_{eff}$ 超过光滑试样疲劳极限 $\Delta \sigma_0$。

对于点方法，Tanaka[42]和 Taylor[38]建议表示为

$$\Delta \sigma_{eff} = \Delta \sigma_1 (r = D_{PM}, \theta = 0) \tag{4.23}$$

式中，$D_{PM} = 2a_0$ 为点方法临界距离。对于疲劳，失效准则定义为沿缺口平分线、距缺口尖端 $a_0 / 2$ 处的最大主应力范围 $\Delta \sigma_{eff}$ 超过光滑试样疲劳极限 $\Delta \sigma_0$。Lazzarin 等[43]给出了一种用附加函数校正的点方法形式，Atzori 等[44,45]对不同点方法的特点进行了详尽的论述，Susmel 等[46]利用大量文献数据验证了点方法的准确性。

Sheppard[47]研究发现，平均最大主应力范围 $\Delta \sigma_{eff}$ 可以通过对缺口尖端一个半圆区域内的最大主应力范围取平均值得到。Taylor[38]提出了类似思想，形成了面积法：

$$\Delta \sigma_{eff} = \frac{2}{\pi D_{AM}^2} \int_{-\pi/2}^{\pi/2} \int_0^{D_{AM}} \Delta \sigma_1 (r, \theta) dr d\theta \tag{4.24}$$

式中，D_{AM} 为面积法积分区域的临界半径。Taylor[38]取 $D_{AM} = a_0$，对式(4.24)右侧积分得到平均最大主应力范围 $\Delta \sigma_{eff}$ 为光滑试样疲劳极限 $\Delta \sigma_0$ 的 1.1 倍，即

$\Delta\sigma_{\mathrm{eff}} = 1.1\Delta\sigma_0$；Bellett 等[48]的研究表明，为了与点方法和线方法保持一致（$\Delta\sigma_{\mathrm{eff}} = \Delta\sigma_0$），应取 $D_{\mathrm{AM}} = 1.32a_0$。

Bellett 等[48]提出平均最大主应力范围可由以缺口尖端为球心、以 D_{VM} 为半径的半球区域内的最大主应力范围求平均得到，即体积法：

$$\Delta\sigma_{\mathrm{eff}} = \frac{1}{V}\int \Delta\sigma_1(r,\theta)\mathrm{d}V \tag{4.25}$$

式中，V 为积分区域的体积。为了与点方法和线方法保持一致，即使式(4.25)右端的积分等于光滑试样疲劳极限，要求临界体积法的临界距离 $D_{\mathrm{VM}} = 1.54a_0$。

Susmel 和 Taylor[49, 50]基于临界距离决定疲劳寿命的假设，将应用于高循环疲劳极限强度预测的临界距离理论成功地运用于中、低循环疲劳寿命预测；随后，Susmel 和 Taylor[51]将临界距离理论与 Manson-Coffin 公式[52, 53]以及 Smith-Watson-Topper 等公式[54]结合，进一步将临界距离理论扩展到低循环疲劳寿命预测。此外，临界距离理论还可与多轴寿命预测模型结合，预测多轴疲劳加载缺口构件的低循环疲劳寿命[55]。

临界距离理论将基于经验的疲劳损伤区方法和基于物理实际的线弹性断裂力学理论有效地联系起来，对疲劳损伤区尺寸的估算不再只依赖于材料的抗拉强度，而是由断裂力学参数(门槛应力强度因子范围 ΔK_{th})和疲劳参数(疲劳极限 $\Delta\sigma_0$)的函数得到。研究表明，临界距离理论能成功预测缺口、裂纹构件的疲劳极限，也能考虑裂纹和缺口的尺寸效应，还可以和传统热点法相结合，因此在工程界受到一定的青睐。然而，由于临界距离理论只考虑材料特性，忽略了构件几何效应的影响，可能导致某些材料疲劳寿命的预测精度偏低[56-62]，因而有必要开发一种考虑几何效应的临界距离方法，以提高预测精度。Wen 等[63]、Leidermark 等[64]和 Bourbita 等[65]运用临界距离理论预测了镍基单晶高温合金缺口试件的低循环疲劳寿命，初步证明了该理论对各向异性材料的有效性。但是，低循环疲劳试验中仅包含疲劳损伤，而热机械疲劳失效包含多种损伤的交互作用，临界距离理论对热机械疲劳的适用性需要进一步研究。

4.3　镍基单晶高温合金热机械疲劳寿命预测

准确评估镍基单晶涡轮叶片热机械疲劳寿命首先需要建立镍基单晶高温合金的热机械疲劳寿命预测模型，同时还需要充分考虑应力集中对材料疲劳寿命的影响。本节重点介绍作者所在课题组在该方面所做的研究工作。

4.3.1　基于循环损伤累积及应力集中系数修正的寿命预测

1. 基于循环损伤累积的寿命预测

1) 基于主导损伤因子的寿命模型

滑移平面上沿特定方向的位错运动是镍基单晶高温合金主要的非弹性变形机

制。在承受循环载荷时,疲劳损伤在特定的滑移平面上累积并引起裂纹萌生和扩展[66-68]。以这些滑移平面作为临界平面能够反映出镍基单晶高温合金疲劳破坏的细观特征,可很好地解决镍基单晶高温合金疲劳寿命的晶体取向相关性问题。

镍基单晶高温合金在[001]取向受载时,根据八面体 Schmid 应力计算公式,此时只有八面体滑移系存在非零 Schmid 应力,其疲劳损伤完全由 8 个开动的八面体滑移系贡献;在[011]取向受载时,八面体滑移系和六面体滑移系上均存在非零 Schmid 应力,且八面体滑移系上的非弹性变形大于六面体滑移系,其疲劳损伤主要由开动的八面体滑移系贡献;在[111]取向受载时,根据六面体 Schmid 应力计算公式,八面体滑移系与六面体滑移系均开动,但六面体滑移系上的细观参量明显大于八面体滑移系,其疲劳损伤主要由六面体滑移系贡献。同时考滤到晶体取向与载荷条件,可以选定滑移剪切应变最大的滑移系所在的滑移平面作为首先发生破坏的临界平面。

临界平面上的各个细观参量通过本构模型联系,各个参量之间不可避免地存在信息重叠,具体表现为细观参量间存在相关性。目前对损伤参量的选取多由经验判别,尚无法排除参量间多重共线性带来的干扰。鉴于此,本章采取参量分析初选与数学方法甄别的组合手段来确定临界平面上的主导损伤因子,建立寿命模型,如图 4.1 所示,具体步骤如下:

(1) 细观参量选择。分析各细观参量表达的损伤信息,排除具有完全线性相关性的冗余参量,选定 n 个初始细观参量。

(2) 相关性判断。对初始细观参量进行相关性分析,判断初始细观参量间是否存在强相关性,若是,则继续进行下一步操作;若不是,则转到第(8)步。

(3) 协方差矩阵形成。判断初始细观参量的量纲是否一致,数值范围是否相近,若是,则形成初始细观参量协方差矩阵;若不是,则对初始细观参量进行标准化处理,并形成基于标准化细观参量的协方差矩阵。

(4) 矩阵分析。对形成的协方差矩阵进行特征值分析,获取矩阵特征值 λ_i 与特征向量 ξ_i。

(5) 相关性诊断。由矩阵分析结果判断初始细观参量是否存在显著的相关性,若是,则回到第(1)步,进一步筛选初始细观参量;否则,进行下一步。

(6) 损伤因子形成。通过特征向量形成损伤参量主成分,即损伤因子。依据方差贡献率大小对损伤因子进行排序,其中第 k 个损伤因子的方差贡献率 V_k 为

$$V_k = \lambda_k \Big/ \sum_{i=1}^{n} \lambda_i, \quad 1 \leqslant k \leqslant n \tag{4.26}$$

(7) 主导损伤因子确定。根据累积方差贡献率大小确定前 m 个损伤因子作为主导损伤因子,通常 $m < n$,主导损伤因子选取依据为

$$\sum_{k=1}^{m} \lambda_k \bigg/ \sum_{i=1}^{n} \lambda_i \times 100\% \geqslant 85\% \tag{4.27}$$

(8) 基于主导损伤因子建立寿命模型。

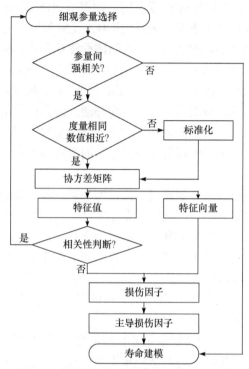

图 4.1　临界平面主导损伤因子确定流程图

2) 等温疲劳寿命模型

为了验证基于主导损伤因子的寿命建模方法的可行性，利用文献[69]提供的镍基单晶高温合金 DD6 在 760℃和 980℃下的等温疲劳(包括低循环疲劳和蠕变-疲劳)试验数据,开展镍基单晶高温合金等温疲劳寿命建模。依据试验条件的不同,可以分为三种情况:

情况 1,试验温度 760℃,开展[001]、[011]取向试件在不同应变范围、拉伸/压缩保载时间下的疲劳试验, 对应的临界平面为八面体滑移平面。

情况 2,试验温度 760℃,开展[111]取向试件在不同应变范围、拉伸/压缩保载时间下的疲劳试验, 对应的临界平面为六面体滑移平面。

情况 3,试验温度 980℃,开展[001]、[011]取向试件在不同应变范围、拉伸/压缩保载时间下的疲劳试验, 对应的临界平面为八面体滑移平面。

建立寿命模型的第一步是选择合适的细观参量。Levkovitch 等[16]和 Tinga 等[17]利用滑移平面上 Schmid 应力与滑移剪切应变率描述镍基单晶高温合金的损伤过程，在疲劳寿命较大时，模型预测精度较高。但是这种细观量的选择方法具有一定的局限性，具体为：从本构模型滑移剪切应变流动法则可以看出，当镍基单晶高温合金承受较大的应变载荷发生屈服时，背应力达到饱和，Schmid 应力与滑移剪切应变率几乎呈指数函数关系。这说明，如果选择的细观参量只有 Schmid 应力与滑移剪切应变率，屈服后损伤只与 Schmid 应力相关；屈服后的 Schmid 应力数值基本不变(图 4.2)，将得到应变程度与损伤无关的结论。因此，当应变范围较大，镍基单晶高温合金出现明显的非弹性变形时，仅通过 Schmid 应力与滑移剪切应变率已无法描述较大应变范围下镍基单晶高温合金疲劳寿命的差异性。

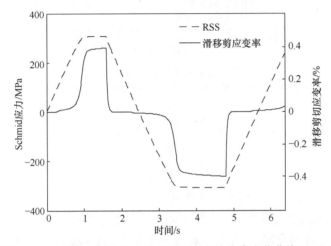

图 4.2　[001]取向 Schmid 应力与滑移剪切应变率变化曲线(760℃)

实际上，在镍基单晶高温合金达到屈服后时，低循环疲劳寿命对于滑移剪切应变范围的变化比较敏感(图 4.3)，因此可以通过引入滑移剪切应变范围来表征材料具有明显非弹性变形时的损伤信息。同时，为了描述镍基单晶高温合金承受非对称循环载荷时的疲劳损伤，引入滑移系上循环最小 Schmid 应力与最大 Schmid 应力之比，结合已选定的最大 Schmid 应力表征非对称循环中平均应力对疲劳损伤的影响。

综合上述分析，选定临界平面上的循环最大 Schmid 应力的绝对值 $\left|\pi^{\alpha}\right|_{\max}$、最大滑移剪切应变率的绝对值 $\left|\dot{\gamma}^{\alpha}\right|_{\max}$、滑移剪切应变范围 $\Delta\gamma^{\alpha}$、循环 Schmid 应力比 $\pi^{\alpha}_{\min}/\pi^{\alpha}_{\max}$ 作为初始细观参量。作者所在课题组成员前期研究[15,70]发现，对数寿命与对数形式的细观参量表现出了较强的线性相关性。因此，本章除循环 Schmid 应力比，其他细观参量均以对数形式进行研究。为表述方便，令

$$x_1 = \lg\left|\pi^{\alpha}\right|_{\max} \tag{4.28}$$

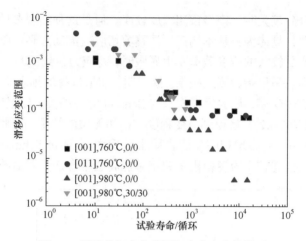

图 4.3   滑移剪切应变范围与疲劳寿命的关系

(0/0 指试验波形峰值保载时间为 0s、谷值保载时间为 0s，以此类推，下同)

$$x_2 = \lg \left| \dot{\gamma}^\alpha \right|_{\max} \tag{4.29}$$

$$x_3 = \lg \Delta \gamma^\alpha \tag{4.30}$$

$$x_4 = \pi_{\min}^\alpha / \pi_{\max}^\alpha \tag{4.31}$$

式中，x_1、x_2、x_3、x_4 为初始细观参量。

对情况 1(试验温度 760℃，临界平面为八面体滑移平面)下的初始细观参量进行相关性分析，可以发现，参量 x_1、x_2 与 x_3 之间存在着较强的线性相关性(表 4.2)，尤其是参量 x_2 与 x_3 之间，相关系数达到了 0.902。对情况 3(试验温度 980℃，临界平面为八面体滑移平面)，试验模拟结果给出了相似的结论。对情况 2(试验温度 760℃，临界平面为六面体滑移平面)，初始细观参量间整体表现出了相较于情况 1、3 更为强烈的相关性(表 4.3)。

表 4.2   情况 1 下的初始细观参量相关性矩阵

初始细观参量	x_1	x_2	x_3	x_4
x_1	1.000	0.853	0.690	0.229
x_2	0.853	1.000	0.902	−0.178
x_3	0.690	0.902	1.000	−0.322
x_4	0.229	−0.178	−0.322	1.000

表 4.3   情况 2、3 下的初始细观参量相关系数

试验条件	(x_1, x_2)	(x_1, x_3)	(x_2, x_3)
情况 2	0.925	0.841	0.934
情况 3	0.906	0.800	0.904

相关性分析表明，初始细观参量间高度相关。因此，在寿命建模时，必须准确排除参量间的多重共线性影响，从而确定临界平面上的主导损伤因子。初始细观参量量纲不一，且数值范围差别较大，若直接进行主成分分析，数值较小的细观参量的影响将被湮灭，将导致有效损伤信息丢失。因此，需先对初始细观参量进行数值变换，得到标准化的细观参量。基于不同试验条件下各细观参量的均值与标准差，进行 Z-Score 变换，得到标准化的变量，其每个分量为

$$z_{ij} = \frac{x_{ij} - \overline{x}_i}{s_i} \tag{4.32}$$

式中，z_{ij} 为标准化变量的各个分量；$\overline{x}_i$ 为不同试验条件下细观参量 x_i 的均值；s_i 为不同试验条件下细观参量 x_i 的标准差。

对标准化细观参量进行主成分分析，得到与初始参量数据同维度的正交主成分，即临界平面损伤因子 $f_j\,(j=1,2,3,4)$。各损伤因子标准化细观参量的线性组合为

$$f_j = \sum_{i=1}^{4} p_{ji} z_i, \quad j = 1, 2, 3, 4 \tag{4.33}$$

式中，p_{ji} 为损伤因子 f_j 中标准化细观参量的系数。

下面针对三种情况分别进行分析。

(1) 情况 1。按照之前介绍的方法进行计算，获得各损伤因子的方差贡献率，如图 4.4 所示，损伤因子 f_1、f_2 分别表达了 66.26%、29.22% 的方差信息，累积达 95.48%，而 f_3、f_4 两项之和不足 5%，占比相对较小。这表明以 f_1、f_2 为主导损伤因子时，能够在足够表达临界平面损伤信息的同时显著降低变量维度。

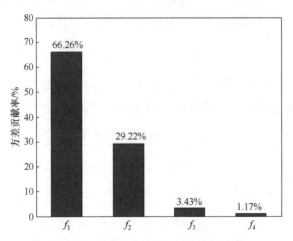

图 4.4　情况 1 下各损伤因子方差贡献率

主导损伤因子 f_1、f_2 的具体形式为

$$f_1 = 0.33z_1 + 0.37z_2 + 0.35z_3 - 0.06z_4 \tag{4.34}$$

$$f_2 = 0.36z_1 - 0.01z_2 - 0.18z_3 + 0.83z_4 \tag{4.35}$$

观察主导损伤因子的系数，可以发现 f_1 中 z_1、z_2、z_3 的系数相近，共同表达了在整个应变范围内的损伤信息，z_4 系数则明显小于前三项，z_4 表达的是非对称循环中平均应力对疲劳损伤的影响，因此 f_1 主要表达了对称循环中的损伤信息。对损伤因子 f_2，系数主要集中在最大 Schmid 应力项 z_1 与循环 Schmid 应力项 z_4，而 z_2、z_3 系数明显较小，因此 f_2 主要表达了非对称循环中平均应力对疲劳损伤的影响。

(2) 情况 2 和情况 3。基于同样的方法，对情况 2、3 下的试验数值模拟结果进行分析，得到损伤因子方差贡献率如图 4.5 所示。与情况 1 相同，方差信息显著集中在了前两个损伤因子，且累积贡献率分别达到了 96.18% 和 96.23%，因此同样选定损伤因子 f_1、f_2 作为主导损伤因子。

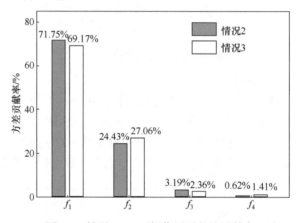

图 4.5　情况 2、3 下损伤因子方差贡献率

情况 2、3 下，主导损伤因子 f_1、f_2 中标准化细观参量前的系数 p_{ji} 的数值如表 4.4 所示，可以发现，主导损伤因子的系数与情况 1 具有相同的规律。

表 4.4　主导损伤因子系数

情况	情况 2		情况 3	
主导损伤因子	f_1	f_2	f_1	f_2
取值	0.32	0.30	0.33	0.30
	0.34	0.02	0.35	0.05
	0.33	0.02	0.35	-0.15
	-0.11	0.97	-0.07	0.90

　　循环损伤累积寿命模型是基于材料延性耗散与循环损伤累积的假设而发展起来的[71]，模型通常要根据迟滞回线的变化进行积分，过程比较复杂。工程中通常采用简化的循环损伤累积寿命模型。以情况 1 为例，用主导损伤因子代替初始细观参量进行寿命分析，建立类循环损伤累积形式的寿命模型：

$$N_f = 10^{A + Bf_1 + Cf_2} \tag{4.36}$$

式中，N_f 为疲劳寿命；A、B、C 为材料常数。

　　当给定试验数据时，可进行多元线性回归，求解式(4.36)中的材料常数 A、B、C。利用初始细观参量为自变量的寿命模型更加直观，因此对模型做进一步处理。将 f_1、f_2 的表达式(4.34)、式(4.35)代入式(4.36)中，并将 z_i 进行逆向标准化还原，即得到以初始细观参量为自变量的寿命模型为

$$N_f = 10^{l_\alpha + m_\alpha \lg|\pi^\alpha|_{\max} + n_\alpha \lg|\dot\gamma^\alpha|_{\max} + z_\alpha \lg\Delta\gamma^\alpha + a_\alpha (\pi^\alpha_{\min}/\pi^\alpha_{\max})} \tag{4.37}$$

　　值得注意的是，该模型中的 5 个材料常数 l_α、m_α、n_α、z_α、a_α 均由式(4.36)中的 A、B、C 计算得到，相互之间并不独立，模型中的实际材料常数仍为 3 个。对情况 1，寿命模型的 5 个材料常数如表 4.5 所示。

表 4.5　情况 1 下寿命模型的材料常数

材料常数	l_α	m_α	n_α	z_α	a_α
情况 1 取值	6.96	−2.05	−0.78	−0.86	1.34

　　基于同样的方法，对于情况 2 和 3，寿命模型中的材料常数如表 4.6 所示。

表 4.6　情况 2、3 下寿命模型的材料常数

材料常数	l_α	m_α	n_α	z_α	a_α
情况 2 取值	12.65	−2.84	−0.73	−0.52	3.98
情况 3 取值	5.94	−1.32	−0.42	−0.42	1.53

　　对于 760℃和 980℃下不同取向镍基单晶高温合金 DD6 标准试件低循环疲劳、蠕变-疲劳试验进行寿命预测，模型精度在 3 倍分散带以内(图 4.6 和图 4.7)。

　　3) 热机械疲劳寿命预测模型

　　利用 3.3.4 节建立的修正的 Walker 模型对镍基单晶高温合金的热机械疲劳变形行为进行数值模拟，得到各试验条件下第 10 次循环的细观参量如表 4.7 所示。由于所有试件取向为[001]取向，且加载方向为轴向的拉伸和压缩，根据晶体坐标系下的滑移系 Schmid 应力计算公式，所有六面体滑移上的 Schmid 应力为零，滑

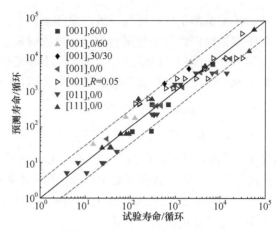

图 4.6　低循环疲劳、蠕变-疲劳寿命预测(760℃)

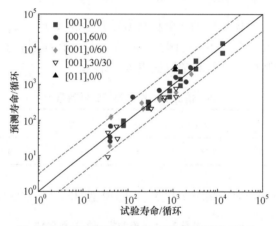

图 4.7　低循环疲劳、蠕变-疲劳寿命预测(980℃)

移系只开动 8 个八面体滑移系。根据晶格对称性，这 8 个八面体滑移系上的受力、变形值具有一致性，差异仅在于符号。

表 4.7　热机械疲劳试验载荷下的八面体滑移系细观参量模拟

试验类型	最大应力/MPa	最大 Schmid 应力/MPa	最大滑移剪切应变	最小滑移剪切应变	最大滑移剪切应变范围	最大滑移剪切应变增量	最大滑移剪切应变率/%
IP TMF	300	122	1.19×10^{-4}	-7.15×10^{-6}	1.26×10^{-4}	1.97×10^{-6}	8.15×10^{-4}
	400	163	2.73×10^{-4}	8.42×10^{-5}	1.89×10^{-4}	1.38×10^{-5}	1.25×10^{-3}
	500	204	7.13×10^{-4}	5.18×10^{-4}	1.94×10^{-4}	6.02×10^{-5}	1.88×10^{-3}
IP TMF (带保载时间)	300	122	1.93×10^{-4}	5.29×10^{-5}	1.40×10^{-4}	8.64×10^{-6}	8.15×10^{-4}
OP TMF	400	163	1.64×10^{-6}	-2.18×10^{-4}	2.20×10^{-4}	5.67×10^{-6}	1.31×10^{-3}
	500	204	-3.38×10^{-4}	-5.83×10^{-4}	2.46×10^{-4}	4.22×10^{-5}	1.98×10^{-3}

　　相比低循环疲劳和蠕变-疲劳，镍基单晶高温合金热机械疲劳具有明显的棘轮变形行为，前述等温疲劳寿命模型只选取了某稳定循环的部分细观参数用于寿命预测，对镍基单晶高温合金热机械疲劳循环中非弹性变形累积导致的棘轮变形考虑不足。而从循环棘轮变形与寿命的关系图 4.8(a)来看，所有热机械疲劳试验中棘轮变形的大小与寿命密切相关。所以本节在寿命模型中引入两个连续循环之间的棘轮变形。棘轮变形本质是非弹性应变的累积，而单晶非弹性应变在本构模型由所有滑移系上的滑移剪切应变构成。因此，循环棘轮变形在滑移系上体现为两个相邻循环在相应时刻滑移剪切应变增量 $\left|\gamma_{\mathrm{Ra}}^{\alpha}\right|$，该细观参量与循环寿命的关系如图 4.8(b)所示。循环寿命与滑移系累积滑移剪切应变具有良好的对数线性关系。为简化计算，类似地，令

$$x_5 = \lg\left|\gamma_{\mathrm{Ra}}^{\alpha}\right| \tag{4.38}$$

式中，x_5 为初始细观参量。

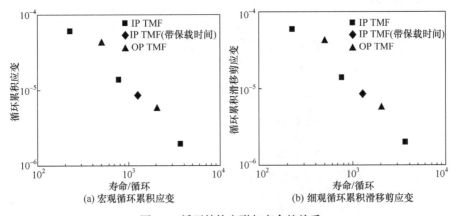

(a) 宏观循环累积应变　　　　　　　　(b) 细观循环累积滑移剪应变

图 4.8　循环棘轮变形与寿命的关系

　　滑移剪切应变增量 $\left|\gamma_{\mathrm{Ra}}^{\alpha}\right|$ 与前期已选定的滑移剪切应变范围 $\Delta\gamma^{\alpha}$ 为滑移剪切应变增量的两种不同表达形式，实际上，二者仅在于时间点的选取有差异，可以推测，二者之间应有较强的相关性，因此非常有必要通过主成分分析方法对引入包含棘轮变形的热机械疲劳临界平面进行主导损伤因子识别，从而建立其本构模型。由于所有试件试验载荷为对称载荷，滑移系上的循环 Schmid 应力比参量恒定不变，其值为

$$x_4 = \pi_{\min}^{\alpha} / \pi_{\max}^{\alpha} = -1 \tag{4.39}$$

　　因此，在引入滑移剪切应变增量作为损伤参量的同时，去除该表征非对称循环的参量 x_4。采用主成分分析方法从 x_1、x_2、x_3、x_5 中尝试确定主导损伤因子作为后续寿命模型的基础。选定的细观参量间相关性矩阵如表 4.8 所示。从细观参

量相关性矩阵可以发现，细观参量间具有显著的相关性。

表 4.8　选定细观参量的相关性矩阵

初始细观参量	x_1	x_2	x_3	x_5
x_1	1.000	0.997	0.883	0.861
x_2	0.997	1.000	0.886	0.858
x_3	0.883	0.886	1.000	0.664
x_5	0.861	0.858	0.664	1.000

通过主成分分析方法确定损伤因子的方法如前，此处不再赘述。各损伤因子的方差贡献率如图 4.9 所示。可见，损伤因子 f_1 已经表达了所有信息的 89.575%，由于多重共线性的存在，剩余损伤因子表达的信息已经十分有限，尤其是损伤因子 f_4，其能代表的损伤信息仅占 0.073%。为了保留更多的损伤信息，选取 f_1、f_2 作为主导损伤因子，其损伤信息占比已达 97.997%。主导损伤因子 f_1、f_2 的表达式为

$$f_1 = 0.276zx_1 + 0.276zx_2 + 0.253zx_3 + 0.249zx_5 \tag{4.40}$$

$$f_2 = -0.037zx_1 + 0.059zx_2 - 1.152zx_3 + 1.279zx_5 \tag{4.41}$$

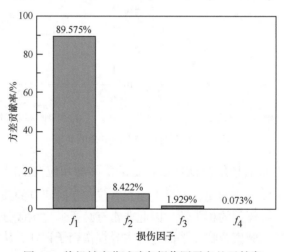

图 4.9　热机械疲劳试验各损伤因子方差贡献率

基于临界平面上的主导损伤因子 f_1、f_2 建立的循环损伤累积寿命模型为

$$z(N_f) = A + Bf_1 + Cf_2 \tag{4.42}$$

模型中仅含有 3 个需要由试验数据确定的材料常数。根据试验数据确定的模型材料常数如表 4.9 所示。

表 4.9　寿命模型材料常数

材料常数	A	B	C
取值	−0.0525	−0.7440	−0.5325

利用试验寿命对建立的寿命模型进行验证，结果如图 4.10 所示，所有试验数据均落在预测寿命的 1.4 倍分散带以内。

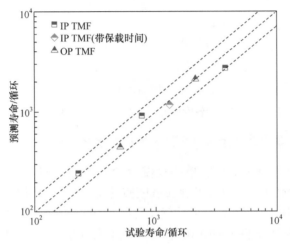

图 4.10　基于主导损伤因子建立的热机械疲劳寿命预测模型

从图 4.8 可以看出，宏观棘轮变形与细观棘轮滑移剪切应变在试验全寿命范围内与对数寿命都有良好的线性关系。考虑到各向异性的影响，选取八面体滑移平面为临界平面，以细观棘轮滑移剪切应变为损伤因子，建立寿命预测模型：

$$N_f = 10^{l_\alpha + k_\alpha \lg|\gamma_{\mathrm{Ra}}^\alpha|} \tag{4.43}$$

由于模型仅关注单一变量，模型参数少。通过最小二乘法获取镍基单晶高温合金 DD6 的热机械疲劳模型材料常数如表 4.10 所示。

表 4.10　基于棘轮滑移剪切应变的简化热机械疲劳寿命模型材料常数

材料常数	l_α	k_α
取值	0.663	0.798

将各试验条件下的细观棘轮滑移剪切应变代入寿命模型，得到各热机械疲劳试验下的预测寿命，预测结果对比如图 4.11 所示。可以看出，所有试验点仍然落在预测寿命的 1.4 倍分散带以内，这表明仅采用棘轮滑移剪切应变建立的寿命模型可以较为准确地预测 DD6 的热机械疲劳寿命。

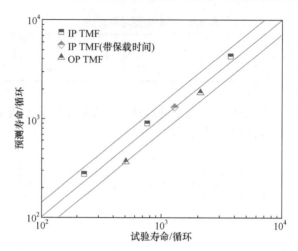

图 4.11　仅采用棘轮滑移剪切应变建立的寿命模型预测结果

2. 基于应力集中系数修正的气膜孔模拟件寿命预测

为了研究应力集中对镍基单晶高温合金寿命的影响，开展带孔圆管试件(图 4.12)的 IP TMF 试验。电液束加工孔壁质量高，不含再铸层、微裂纹和热影响区，是目前先进航空发动机涡轮叶片气膜孔加工的优选工艺，故利用电液束加工的方式分别在两根圆管试件上的[010]、[110]取向制备气膜孔，经电液束加工后的试件孔边形貌如图 4.12 所示。试验的循环最大应力为 300MPa，应力比为−1，温度范围为 500~980℃。气膜孔模拟件由于孔边应力集中现象的存在，裂纹均首先在孔边萌生，并随后沿着垂直于主应力的方向迅速扩展(图 4.13)。[010]和[110]取向气膜孔模拟件 IP TMF 裂纹萌生寿命分别为 1596 循环和 638 循环。[010]取向气膜孔的裂纹萌生寿命、扩展寿命均显著长于[110]取向气膜孔。这表明镍基单晶涡轮叶片气膜孔的横向取向靠近[110]时，其抗热机械疲劳性能更低。

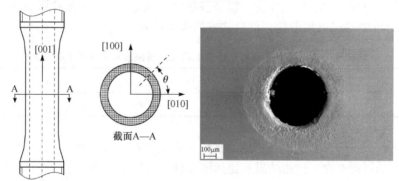

(a) 气膜孔模拟件结构及横向气膜孔取向示意图　　　(b) 电液束制孔的孔边质量

图 4.12　带孔圆管试件

图 4.13　气膜孔模拟件试验孔边裂纹形态

为了预测气膜孔模拟件 IP TMF 寿命，需要对气膜孔模拟件的变形行为进行模拟。首先，建立气膜孔模拟件的有限元模型(图 4.14)，通过定义单元坐标系使得气膜孔轴线分别与[010]、[110]取向重合；接着，基于 3.3.4 节的修正 Walker 黏塑性本构模型对两种取向的气膜孔模拟件的变形行为进行数值模拟，模拟条件与试验条件相同。综合考虑循环稳定性和计算时间，对有限元模型开展 2 个循环的热机械疲劳数值模拟。模拟结果如图 4.15 和图 4.16 所示，两种取向的气膜孔模拟件孔边轴向应力状态、大小相差不大，但孔边滑移变形有明显差异。

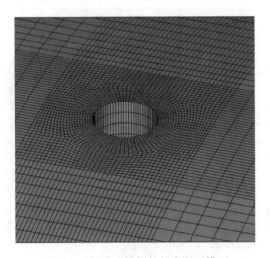

图 4.14　气膜孔模拟件的有限元模型

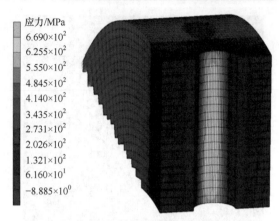

(a) 轴向应力云图

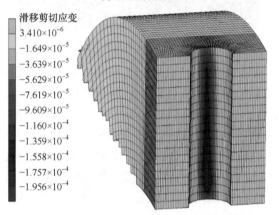

(b) 孔边最大滑移变形云图(滑移系为第六个八面体滑移系)

图 4.15   [010]取向气膜孔模拟件数值模拟结果

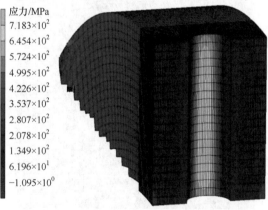

(a) 轴向应力云图

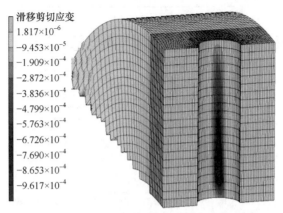

(b) 孔边最大滑移变形云图(滑移系为第二个八面体滑移系)

图 4.16　[110]取向气膜孔模拟件数值模拟结果

　　数值模拟结果表明，当气膜孔模拟件承受单轴拉压载荷时，孔边局部区域产生多轴应力状态。由于应力水平相对较低，模拟件仅在孔边较大的局部区域有相对较大的滑移变形，在稍远离孔边，甚至孔边其余区域，滑移剪切应变迅速衰减并接近远端值。[010]取向和[110]取向的气膜孔模拟件最大滑移变形分别出现在第六个八面体滑移系和第二个八面体滑移系(图 4.17 和图 4.18)。第二个循环结束和开始时最大滑移剪切应变之差即棘轮滑移剪切应变，将[010]取向气膜孔模拟件和[110]取向气膜孔模拟件的棘轮滑移剪切应变代入基于棘轮变形的热机械疲劳寿命模型，预测的寿命分别为 590 循环、136 循环。可以发现，采用基于细观棘轮滑移剪切应变可以描述因孔取向不同而导致的寿命差异，模型在预测[010]取向气膜孔热机械疲劳寿命时，试验数据点落在预测寿命的 2.7 倍分散带内；但在预测

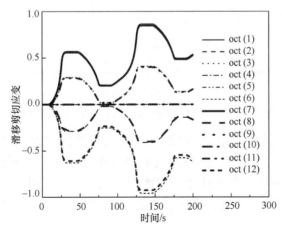

图 4.17　[010]取向气膜孔孔边各滑移系滑移剪切应变

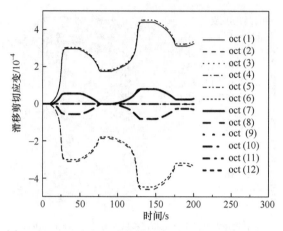

图 4.18　[110]取向气膜孔孔边各滑移系滑移剪切应变

[110]取向气膜孔的热机械疲劳寿命时，预测精度下降到 4.7 倍分散带(图 4.19)。[010]取向和[110]取向的气膜孔模拟件的预测寿命均低于试验寿命，预测结果偏于保守，表明当直接采用孔边热点的棘轮滑移剪切应变作为损伤参量预测气膜孔边寿命时，会一定程度低估气膜孔的热机械疲劳寿命，因此需进一步修正寿命模型以提高精度。

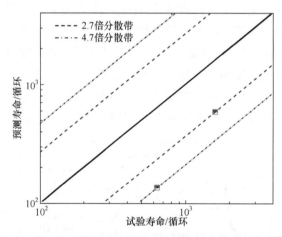

图 4.19　基于孔边棘轮滑移剪切应变建立的寿命模型预测结果

　　气膜孔存在明显的应力集中现象，在孔边局部区域存在较大的应力梯度，该梯度在孔边达到最大值，而在远场近似等于零。为了方便研究，将其轴向应力、距离无量纲化，得到孔边应力集中系数 K_t 随孔边无量纲距离的关系如图 4.20 所示。

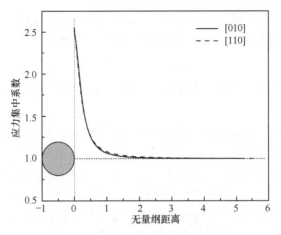

图 4.20　应力集中系数随无量纲距离的关系

引入孔边应力集中系数，建立的寿命模型为

$$N_f = f(K_t)N = f(K_t)10^{l_\alpha + k_\alpha \lg|\gamma_{Ra}^\alpha|} \tag{4.44}$$

式中，$f(K_t)$ 为包含应力集中系数 K_t 的修正项。令 $f(K_t)$ 为

$$f(K_t) = K_t^{\ m} \tag{4.45}$$

利用试验数据确定 $m = 1.114$，寿命预测结果如图 4.21 所示，模型预测精度在 1.6 倍分散带以内，具有较高的精度。

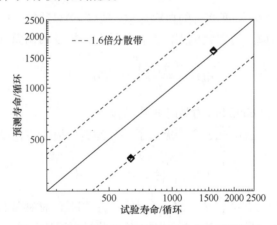

图 4.21　孔边应力集中系数修正的寿命预测结果

4.3.2　基于非线性损伤累积及临界距离理论的寿命预测

1. 基于非线性损伤累积的寿命预测模型

在镍基单晶高温合金 DD6 的 IP TMF 试验中，蠕变损伤与疲劳损坏共同存

在，两种损伤的交互作用是导致材料失效的主要原因。根据连续介质损伤力学理论，IP TMF 的总损伤 D 可以表示为蠕变损伤和疲劳损伤的总和[72]：

$$dD = dD_c + dD_f \qquad (4.46)$$

式中，D_c 为蠕变损伤；D_f 为疲劳损伤。蠕变损伤和疲劳损伤是相互耦合、相互促进的[73, 74]。

前期研究表明，镍基单晶高温合金在热机械疲劳过程中优先在特定平面上发生滑移，并且当载荷沿[001]方向时，只有八面体滑移系开动[75]。对低循环疲劳寿命的研究表明，将滑移面作为临界面，选择滑移系上的最大 Schmid 应力建立的寿命预测模型是合理的，这也有助于描述镍基单晶高温合金寿命的各向异性[75]。受此启发，本节假设蠕变损伤和疲劳损伤与滑移系上的最大 Schmid 应力有关。考虑到蠕变损伤与疲劳损伤的相互作用，其演化函数如下：

$$dD_c = f_c(\pi, T, D)dt \qquad (4.47)$$

$$dD_f = f_f(\pi, T, D)dN \qquad (4.48)$$

式中，π 为滑移系上的最大 Schmid 应力；T 为温度。

Chaboche[76]和 Lemaitre[77]在 Kachanov 工作的基础上提出了一种蠕变损伤模型，经典模型中的宏观应力被滑移系上最大 Schmid 应力代替后可表示为

$$dD_c = \left(\frac{\pi}{\bar{E}}\right)^{\bar{r}} (1-D)^{-\bar{m}} dt \qquad (4.49)$$

式中，$\bar{E}$、$\bar{r}$ 和 $\bar{m}$ 为与温度有关的材料常数。式(4.49)只适用于应力保持恒定的纯蠕变试验。为了适应应力在大范围内变化的情况，蠕变损伤模型可以修正为

$$dD_c = \left(\frac{\pi(t)}{\bar{E}}\right)^{\bar{r}} (1-D)^{-\bar{m}} dt \qquad (4.50)$$

式中，$\pi(t)$ 为最大 Schmid 应力与时间的函数。

对于疲劳损伤，Lemaitre 等[78]提出了一种经典的损伤演化模型：

$$dD_f = \left(\frac{\sigma_a}{\bar{M}}\right)^{\bar{\beta}} (1-D)^{-\bar{b}} dN \qquad (4.51)$$

式中，σ_a 为宏观应力幅值；$\bar{\beta}$、$\bar{M}$、$\bar{b}$ 为与温度相关的材料常数。模型中的宏观应力幅值被滑移系上最大 Schmid 应力幅值 π_a 代替后可表示为

$$dD_f = \left(\frac{\pi_a}{\bar{M}}\right)^{\bar{\beta}} (1-D)^{-\bar{b}} dN \qquad (4.52)$$

因此，根据式(4.46)，IP TMF 的总损伤可以进一步表示为

$$dD = \left(\frac{\pi(t)}{\overline{E}}\right)^{\overline{r}} (1-D)^{-\overline{m}} dt + \left(\frac{\pi_a}{\overline{M}}\right)^{\overline{\beta}} (1-D)^{-\overline{b}} dN \tag{4.53}$$

将蠕变损伤在一个循环中积分，可以得到总损伤 D 对循环次数 N 的一阶导数为

$$\frac{dD}{dN} = (1-D)^{-\overline{m}} \int_0^{t_0} \left(\frac{\pi(t)}{\overline{E}}\right)^{\overline{r}} dt + (1-D)^{-\overline{b}} \left(\frac{\pi_a}{\overline{M}}\right)^{\overline{\beta}} \tag{4.54}$$

考虑到裂纹在每个循环的拉伸部分扩展，假设蠕变损坏发生在机械载荷的正半周期中[79-81]，此时式(4.54)中的 t_0 是一个循环中拉伸阶段结束的时间。单独考虑疲劳损伤失效对应的循环数 N_f 和蠕变损伤失效对应的循环数 N_c ，可得

$$\frac{1}{N_f} = (1+\overline{b})\left(\frac{\pi_a}{\overline{M}}\right)^{\overline{\beta}} \tag{4.55}$$

$$\frac{1}{N_c} = (1+\overline{m})\int_0^{t_0} \left(\frac{\pi(t)}{\overline{E}}\right)^{\overline{r}} dt \tag{4.56}$$

将式(4.55)和式(4.56)代入式(4.53)，总损伤演化方程可进一步表示为

$$dD = \left[\frac{(1-D)^{-\overline{m}}}{(1+\overline{m})N_c} + \frac{(1-D)^{-\overline{b}}}{(1+\overline{b})N_f}\right] dN \tag{4.57}$$

在 $N=0$ 、$D=0$ 以及 $N=N_R$（N_R 为热机械疲劳寿命）、$D=1$ 的条件下积分式(4.57)，可以确定寿命 N_R 为

$$\frac{N_R}{N_f} = \int_0^1 \left[\frac{(1-D)^{-\overline{m}} N_f}{(1+\overline{m})N_c} + \frac{(1-D)^{-\overline{b}}}{(1+\overline{b})}\right]^{-1} dD \tag{4.58}$$

如前所述，材料常数 $\overline{E}$ 、$\overline{r}$ 、$\overline{m}$ 和 $\overline{\beta}$ 、$\overline{M}$ 、$\overline{b}$ 与温度有关。为了量化 IP TMF 中的交替温度，参考 Amaro 等[82]的工作，引入有效温度 T_{eff} ，其中有效温度和交替温度之间满足以下关系：

$$\exp\left(\frac{-Q}{RT_{eff}}\right) = \frac{1}{\Delta t_1}\int_{t_1}^{t_2} \exp\left(\frac{-Q}{RT(t)}\right) dt \tag{4.59}$$

式中，Q 为活化能；$R=8.314\,\mathrm{J/(mol \cdot K)}$ 为通用气体常数；$T(t)$ 为温度-时间函数；t_1 和 t_2 为达到活化温度和最高温度的时间；$\Delta t_1 = t_2 - t_1$ 为每个温度循环中高于活化温度的时间范围。根据参考文献[82]~[87]，镍基单晶高温合金活化能约为 160kJ/mol，最低活化温度为 800℃。

在寿命预测过程中，线性插值方法通常用于确定材料常数已知的两个特定温度之间的某一温度下的材料常数。该方法认为材料常数在一定温度范围内线性变

化。本节假设损伤常数的向量 $\boldsymbol{Y} = \begin{pmatrix} \bar{m} & \bar{E} & \bar{r} & \bar{b} & \bar{M} & \bar{\beta} \end{pmatrix}^{\mathrm{T}}$ 与有效温度 T_{eff} 呈线性变化，即

$$\boldsymbol{Y} = T_{\mathrm{eff}} \boldsymbol{X} + \boldsymbol{Z} \tag{4.60}$$

式中，$\boldsymbol{X} = \begin{pmatrix} \bar{x}_1 & \bar{x}_2 & \bar{x}_3 & \bar{x}_4 & \bar{x}_5 & \bar{x}_6 \end{pmatrix}^{\mathrm{T}}$ 和 $\boldsymbol{Z} = \begin{pmatrix} \bar{z}_1 & \bar{z}_2 & \bar{z}_3 & \bar{z}_4 & \bar{z}_5 & \bar{z}_6 \end{pmatrix}^{\mathrm{T}}$ 为材料常数的向量。

　　根据晶体塑性理论，对于具有面心立方结构的镍基单晶高温合金，当沿[001]方向加载时，宏观应力 σ 与 Schmid 应力 π 之间存在简单的比例关系：

$$\pi = \bar{S}\sigma \tag{4.61}$$

式中，$\bar{S} = 1/\sqrt{6}$。因此，根据[001]取向的蠕变试验数据和疲劳试验数据，通过拟合可以得到蠕变损伤和疲劳损伤的材料常数。

　　文献[69]给出了 850℃、980℃、1070℃、1100℃和1150℃下的蠕变试验数据。在蠕变损伤材料常数的拟合过程中，疲劳损伤为零。为了获得疲劳损伤材料常数，需要对第 3 章中的低循环疲劳和 IP TMF 的寿命数据进行拟合。在疲劳损伤材料常数拟合过程中，蠕变损伤在低循环疲劳中为零，而在 IP TMF 的拉伸阶段是予以考虑的。此外，在交变温度下，材料常数 $\bar{E}$ 和 $\bar{M}$ 被修正为

$$\bar{E} = \left(\bar{x}_2 T_{\mathrm{eff}} + \bar{z}_2 \right) \frac{T_{\min}}{T_{\mathrm{eff}}} \tag{4.62}$$

$$\bar{M} = \left(\bar{x}_5 T_{\mathrm{eff}} + \bar{z}_5 \right) \frac{T_{\min}}{T_{\mathrm{eff}}} \tag{4.63}$$

式中，$T_{\min}$ 是热机械疲劳中的最低温度。材料常数和拟合结果分别如表 4.11 和图 4.22 所示。拟合结果基本在 2 倍分散带以内，这表明预测寿命和试验数据之间具有良好的一致性。

表 4.11　镍基单晶高温合金损伤参数

参数	取值	参数	取值
$\bar{x}_1$	6.03×10^7	$\bar{z}_1$	-5.05×10^{10}
$\bar{x}_2$	-3.60×10^1	$\bar{z}_2$	5.80×10^4
$\bar{x}_3$	-2.48×10^{-3}	$\bar{z}_3$	7.65×10^0
$\bar{x}_4$	6.14×10^7	$\bar{z}_4$	-5.13×10^{10}
$\bar{x}_5$	2.44×10^2	$\bar{z}_5$	-2.01×10^5
$\bar{x}_6$	-1.88×10^{-2}	$\bar{z}_6$	2.39×10^1

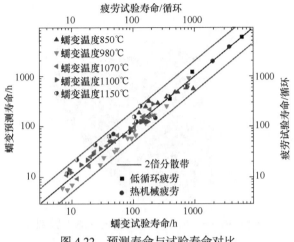

图 4.22　预测寿命与试验寿命对比

为了验证寿命预测模型的准确性，进一步采用带保载时间的 IP TMF 试验数据对寿命预测模型进行验证。保载时间的引入增加了试件的蠕变损伤，保载时间越长，蠕变损伤增加得越多，试验寿命越低。由于保载阶段温度不变，保载阶段参数 $\bar{E}$ 和 $\bar{M}$ 无须被修正。带保载时间的 IP TMF 寿命预测结果在 2.3 倍分散带以内，如图 4.23 所示。

2. 基于临界距离理论的气膜孔模拟件寿命预测

基于 3.3.4 节建立的修正 Walker 模型，对气膜孔模拟件附近应力分布进行有限元模拟，沿图 4.24(a)所示路径提取应力数据，结果如图 4.24(b)所示。气膜孔附近的 von Mises 应力沿裂纹传播方向迅速减小。当距离孔边超过 0.075mm 时，[010]取向气膜孔附近应力高于[110]取向气膜孔附近应力。

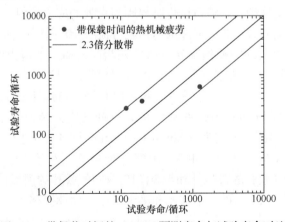

图 4.23　带保载时间的 IP TMF 预测寿命与试验寿命对比

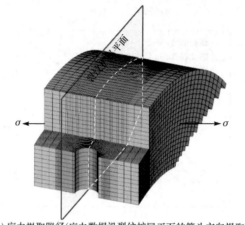

(a) 应力提取路径(应力数据沿裂纹扩展平面的箭头方向提取)

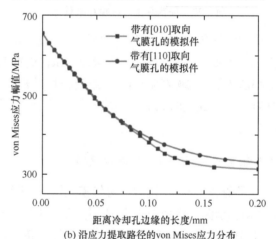

(b) 沿应力提取路径的von Mises应力分布

图 4.24　气膜孔附近应力分布的有限元模拟结果

　　根据临界距离理论，当缺口试件临界距离点处的应力幅值等于光滑试件在疲劳极限时的应力幅值时，缺口试件也达到疲劳极限(10^7循环)，进一步推广表明缺口试件临界距离点的应力幅值与光滑试件在相同寿命下的应力幅值相同[65]。因此，通过光滑试件的应力幅值-寿命关系图可以获得缺口试件的临界距离点处的应力幅值(图 4.25(a))，进一步结合图 4.24(b)可以获得缺口试件临界距离。具有[110]取向和[010]取向的气膜孔模拟件临界距离点处的应力幅值分别为 421MPa 和 355MPa，对应临界距离分别为 0.08mm 和 0.11mm(图 4.25(b))。

　　图 4.26 显示了气膜孔模拟件临界距离点处 18 个滑移系上的 Schmid 应力。对于带有[110]取向气膜孔的模拟件和带有[010]取向气膜孔的模拟件，最大 Schmid 应力分别出现在第二个八面体滑移系和第十一个八面体滑移系中。将最大 Schmid 应力代入式(4.55)、式(4.56)和式(4.58)，可以预测气膜孔模拟件的 IP TMF 寿命，

预测结果在 1.52 倍分散带以内，与试验结果符合良好，如图 4.27 所示。

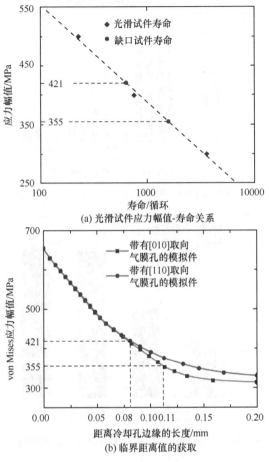

(a) 光滑试件应力幅值-寿命关系

(b) 临界距离值的获取

图 4.25　临界距离的确定

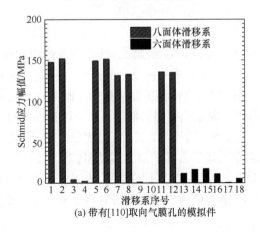

(a) 带有[110]取向气膜孔的模拟件

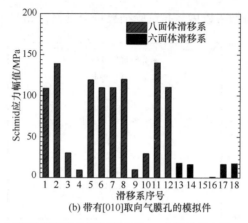

(b) 带有[010]取向气膜孔的模拟件

图 4.26　气膜孔模拟件临界距离点处 18 个滑移系上的 Schmid 应力

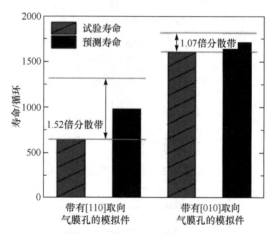

图 4.27　IP TMF 加载条件下气膜孔模拟件试验寿命与预测寿命的对比

4.4　本章小结

　　本章总结了各向异性材料的寿命预测方法以及考虑应力集中影响的寿命分析方法,并介绍了考虑应力集中影响的镍基单晶高温合金热机械疲劳寿命预测方法。

　　(1) 结合镍基单晶高温合金高温低循环疲劳、蠕变-疲劳、热机械疲劳试验结果,采用与循环损伤累积模型相类似的数学形式,以临界滑移系上的最大 Schmid 应力、最大滑移剪切应变率、循环 Schmid 应力比以及滑移剪切应变范围等细观参量作为损伤参量,建立了基于临界平面的循环损伤累积模型。所建立的模型对于镍基单晶高温合金 DD6 标准试件在不同温度、取向、应变比、保载时间及应变率下的等温疲劳寿命预测精度可达 3 倍分散带以内,对于热机械疲劳寿命的预测精度在 1.4 倍分散带以内，基于孔边应力集中系数修正后可精确预测气膜孔热机械疲劳寿命。

（2）分别采用改进的 Kachanov 模型和 Lemaitre 模型来描述镍基单晶高温合金 DD6 的蠕变损伤和疲劳损伤，同时考虑上述损伤的非线性累积特性，建立了基于非线性损伤累积的寿命预测模型；通过引入有效温度概念来衡量 IP TMF 试验中的交变温度，分别依据蠕变试验数据和疲劳试验数据获取了寿命模型中的材料参数，拟合精度在 2 倍分散带以内，并通过带保载时间的 IP TMF 试验数据对所建立的寿命模型进行了验证。结果表明，基于非线性损伤累积的寿命预测模型能够较为准确地预测镍基单晶高温合金 DD6 的 IP TMF 寿命。此外，该模型与临界距离理论结合后可较为准确地预测气膜孔模拟件的热机械疲劳寿命。

参 考 文 献

[1] Li S, Ellison E G, Smith D J. The influence of orientation on the elastic and low cycle fatigue properties of several single crystal nickel base superalloys. Journal of Strain Analysis for Engineering Design, 1994, 29(2): 147-153.

[2] 岳珠峰, 陶仙德, 尹泽勇, 等. 一种镍基单晶超合金高温低周疲劳的晶体取向相关性模型. 应用数学和力学, 2000, 21(4): 373-381.

[3] 石多奇, 杨晓光, 于慧臣. 一种镍基单晶和定向结晶的疲劳寿命模型. 航空动力学报, 2010, 25(8): 1871-1875.

[4] Gallerneau F, Chaboche J L. Fatigue life prediction of single crystals for turbine blade applications. International Journal of Damage Mechanics, 1999, 8: 404-427.

[5] 周柏卓. 各向异性高温涡轮叶片材料本构关系研究. 北京: 北京航空航天大学, 1997.

[6] 李海燕. 正交各向异性粘塑性损伤统一本构模型研究与应用. 北京: 北京航空航天大学, 2002.

[7] 王自强. 理性力学基础. 北京: 科学出版社, 2000.

[8] 王自强, 段祝平. 塑性细观力学. 北京: 科学出版社, 1995.

[9] 刘金龙. 镍基单晶/定向凝固涡轮叶片铸造模拟及其合金低循环疲劳行为研究. 北京: 北京航空航天大学, 2011.

[10] 李影, 苏彬. DD6 单晶合金高温低周疲劳机制. 航空动力学报, 2003, 18(6): 732-736.

[11] Arakere N K, Swanson G. Effect of crystal orientation on fatigue failure of single crystal nickel base turbine blade superalloys. Journal Engineering for Gas Turbines and Power, 2002, 124: 161-175.

[12] Swanson G, Arakere N K. Effect of crystal orientation on analysis of single-crystal nickel-based turbine blade superalloys. NASA/TP-2000-210074. Washington: NASA, 2000.

[13] Naik R A, DeLuca D P, Shah D M. Critical plane fatigue modeling and characterization of single crystal nickel superalloys. Proceedings of the ASME Turbo Expo Power for Land, Sea, and Air, 2002: 675-682.

[14] Shi D, Huang J, Yang X, et al. Effects of crystallographic orientations and dwell types on low cycle

fatigue and life modeling of a SC superalloy. International Journal of Fatigue, 2013, 49: 31-39.

[15] 王荣桥, 荆甫雷, 胡殿印. 基于临界平面的镍基单晶高温合金疲劳寿命预测模型. 航空动力学报, 2012, 28(11): 2587-2592.

[16] Levkovitch V, Sievert R, Svendsen B. Simulation of deformation and lifetime behavior of a FCC single crystal superalloy at high temperature under low-cycle fatigue loading. International Journal of Fatigue, 2006, 28: 1791-1802.

[17] Tinga T, Brekelmans W A M, Geers M G D. Time-incremental creep-fatigue damage rule for single crystal Ni-base superalloys. Materials Science and Engineering A, 2009, 508: 200-208.

[18] Neu R W, Sehitoglu H. Thermomechanical fatigue, oxidation, and creep: Part II—Life prediction. Metallurgical Transactions A, 1989, 20: 1769-1782.

[19] Cunha F J, Dahmer M T, Chyu M K. Thermal-mechanical life prediction system for anisotropic turbine components. Journal of Turbomachinery, 2006, 128: 240-250.

[20] Storgärds E, Simonsson K, Sjöström S, et al. Thermomechanical fatigue crack growth modeling in a Ni-based superalloy subjected to sustained load. Journal of Engineering for Gas Turbines and Power, 2016, 138: 012503-1-7.

[21] Pineau A, McDowell D L, Busso E P, et al. Failure of metals II: Fatigue. Acta Materialia, 2016, 107:484-507.

[22] Abdullahi O A, Samir E, Panagiotis L, et al. Aero-engine turbine blade life assessment using the Neu/Sehitoglu damage model. International Journal of Fatigue, 2014, 61: 160-169.

[23] Vose F, Becker M, Fischersworring B A, et al. An approach to life prediction for a nickel-base superalloy under isothermal and thermo-mechanical loading conditions. International Journal of Fatigue, 2013, 53:49-57.

[24] 姚卫星. 结构疲劳寿命分析. 北京: 国防工业出版社, 2003.

[25] 陈田海. 基于名义应力法的微型连接器疲劳寿命预测研究. 机电元件, 2009, 29(4): 20-24.

[26] 徐承军. 基于名义应力法的港口起重机金属结构安全使用期估算. 武汉理工大学学报(交通科学与工程版), 2007, 31(2): 293-295.

[27] 熊伟红, 向晓东, 喻青. 基于名义应力法的桥式起重机用钢丝绳疲劳寿命估算. 工业安全与环保, 2014, 40(7): 23-25.

[28] 聂宏, 常龙. 基于局部应力应变法估算高周疲劳寿命. 南京航空航天大学学报, 2000, 32(1): 75-79.

[29] Topper T H, Wetzel R M, Morrow J D. Neuber's rule applied to fatigue of notched specimens. Journal of Materials, 1969, 4(1): 200-209.

[30] Dowling N E, Brose W R, Wilson W K. Notched member fatigue life prediction by the local strain approach. Advances in Engineering, 1977, 6: 55-84.

[31] Neuber H. Theory of stress concentration for shear-strained prismatical bodies with arbitrary nonlinear stress-strain law. Journal of Applied Mechanics, 1961, 28(4): 544-550.

[32] 董月香. 疲劳寿命预测方法综述. 大型铸锻件, 2006, 3: 39-41.

[33] Yao W. Stress field intensity approach for predicting fatigue life. International Journal of Fatigue, 1993, 15(3): 243-246.

[34] O'Donoghue P E, Anderson C E, Friesenhahn G J, et al. A constitutive formulation for anisotropic

materials suitable for wave propagation computer programs. Journal of Composite Materials, 1992, 26(13): 1860-1884.

[35] Anderson C E, Cox P A, Maudlin G R J J. A constitutive formulation for anisotropic materials suitable for wave propagation computer programs—II. Computational Mechanics, 1994, 15: 201-223.

[36] Neuber H. Theory of notch stresses: Principles for exact calculation of strength with reference to structural form and material. USAEC Office of Technical Information, 1961.

[37] Neuber H. Theorie der technischen formzahl. Forschung auf dem Gebiet des Ingenieurwesens A, 1936, 7(6): 271-274.

[38] Taylor D. Geometrical effects in fatigue: A unifying theoretical model. International Journal of Fatigue, 1999, 21(5): 413-420.

[39] Peterson R E. Notch Sensitivity. New York: McGraw Hill, 1959.

[40] Nicholas T. Critical issues in high cycle fatigue. International Journal of Fatigue, 1999, 21: 221-231.

[41] El Haddad M H, Smith K N, Topper T H. Fatigue crack propagation of short cracks. Journal of Engineering Materials and Technology, 1979, 101: 42-46.

[42] Tanaka K. Engineering formulae for fatigue strength reduction due to crack-like notches. International Journal of Fracture, 1983, 22(2): 39-46.

[43] Lazzarin P, Tovo R, Meneghetti G. Fatigue crack initiation and propagation phases near notches in metals with low notch sensitivity. International Journal of Fatigue, 1997, 19(8-9): 647-657.

[44] Atzori B, Lazzarin P, Tovo R. Evaluation of the fatigue strength of a deep drawing steel. Osterreichische Ing Architekten-Zeitschrift, 1992, 132: 556-561.

[45] Atzori B, Lazzarin P, Filippi S. Cracks and notches: Analogies and differences of the relevant stress distributions and practical consequences in fatigue limit predictions. International Journal of Fatigue, 2001, 23(4): 355-362.

[46] Susmel L, Taylor D, Tovo R. The theory of critical distances and the estimation of notch fatigue limits: L, a_0 and open notches. Proceedings of ICCES, 2007, 68(387): 27-56.

[47] Sheppard S D. Field effects in fatigue crack initiation: Long life fatigue strength. Journal of Mechanical Design, 1991, 113: 188-194.

[48] Bellett D, Taylor D, Marco S, et al. The fatigue behaviour of three-dimensional stress concentrations. International Journal of Fatigue, 2005, 27(3): 207-221.

[49] Susmel L, Taylor D. A novel formulation of the theory of critical distances to estimate lifetime of notched components in the medium-cycle fatigue regime. Fatigue & Fracture of Engineering Materials & Structures, 2007, 30(7): 567-581.

[50] Susmel L, Taylor D. On the use of the theory of critical distances to predict static failures in ductile metallic materials containing different geometrical feature. Engineering Fracture Mechanics, 2008, 75(15): 4410-4421.

[51] Susmel L, Taylor D. The theory of critical distances to estimate the static strength of notched samples of Al6082 loaded in combined tension and torsion. Part II: Multiaxial static assessment. Engineering Fracture Mechanics, 2010, 77(3): 470-478.

[52] Manson S S. Behavior of Materials under Conditions of Thermal Stress. Washington: National Advisory Committee for Aeronautics, 1954.

[53] Coffin L F. A study of the effects of cyclic thermal stresses on a ductile metal. Transactions of the ASME, 1954, 76: 931-950.

[54] Smith K N, Watson P, Topper T H. Stress-strain function for the fatigue of metals. Journal of Materials, 1970, 5(4): 767-778.

[55] Susmel L, Atzori B, Meneghetti G, et al. Notch and mean stress effect in fatigue as phenomena of elasto-plastic inherent multiaxiality. Engineering Fracture Mechanics, 2011, 78(8): 1628-1643.

[56] Susmel L. The theory of critical distances: A review of its applications in fatigue. Engineering Fracture Mechanics, 2008, 75(7): 1706-1724.

[57] Taylor D. The theory of critical distances. Engineering Fracture Mechanics, 2008, 75(7): 1696-1705.

[58] Susmel L, Taylor D. Fatigue design in the presence of stress concentrations. Journal of Strain Analysis for Engineering Design, 2003, 38: 443-452.

[59] Harkegard G, Halleraker G. Assessment of methods for prediction of notch and size effects at the fatigue limit based on test data by Böhm and Magin. International Journal of Fatigue, 2010, 32(10): 1701-1709.

[60] Lanning D B, Nicholas T, Palazotto A. The effect of notch geometry on critical distance high cycle fatigue predictions. International Journal of Fatigue, 2005, 27(10-12): 1623-1627.

[61] Lanning D B, Nicholas T, Haritos G K. On the use of critical distance theories for the prediction of the high cycle fatigue limit stress in notched Ti-6Al-4V. International Journal of Fatigue, 2005, 27(1): 45-57.

[62] Chiandussi G, Rossetto M. Evaluation of the fatigue strength of notched specimens by the point and line methods with high stress ratios. International Journal of Fatigue, 2005, 27(6): 639-650.

[63] Wen Z, Pei H, Yang H, et al. A combined CP theory and TCD for predicting fatigue lifetime in single crystal superalloy plates with film cooling holes. International Journal of Fatigue, 2018, 111: 243-255.

[64] Leidermark D, Moverare J, Simonsson K, et al. A combined critical plane and critical distance approach for predicting fatigue crack initiation in notched single crystal superalloy components. International Journal of Fatigue, 2011, 33(10): 1351-1359.

[65] Bourbita F, Rémy L. A combined critical distance and energy density model to predict high temperature fatigue life in notched single crystal superalloy members. International Journal of Fatigue, 2016, 84: 17-27.

[66] Ranjan S, Arakere N K. A fracture-mechanics-based methodology for fatigue life prediction of single crystal nickel-based superalloys. Journal of Engineering for Gas Turbines and Power, 2008, 130(3): 1003-1016.

[67] Shi Z, Li J, Liu S, et al. High cycle fatigue behavior of the second generation single crystal superalloy DD6. Transactions of Nonferrous Metals Society of China, 2011, 21: 998-1003.

[68] 王佰智, 刘大顺, 温志勋. 镍基单晶高温合金[111]取向拉压不对称分析. 稀有金属材料与工程, 2014, 43(2): 322-326.

[69] 于慧臣, 吴学仁. 航空发动机设计用材料数据手册(第四册). 北京: 航空工业出版社, 2010.

[70] 荆甫雷. 单晶涡轮叶片热机械疲劳寿命评估方法研究. 北京: 北京航空航天大学, 2013.

[71] Nelson R S, Levan G W, Harvey P R. Creep Fatigue Life Prediction for Engine Hot Section Materials (isotropic). Washington: NASA Center for Aerospace Information (CASI), 1992.

[72] Zhang G, Zhao Y, Xue F, et al. Creep-fatigue interaction damage model and its application in modified 9Cr-1Mo steel. Nuclear Engineering and Design, 2011, 241(12): 4856-4861.

[73] Chen H, Ponter A R S. Linear matching method on the evaluation of plastic and creep behaviours for bodies subjected to cyclic thermal and mechanical loading. International Journal for Numerical Methods in Engineering, 2006, 68(1): 13-32.

[74] Yin T, Tyas A, Plekhov O, et al. A novel reformulation of the theory of critical distances to design notched metals against dynamic loading. Materials & Design, 2015, 69: 197-212.

[75] Findley W N. A theory for the effect of mean stress on fatigue of metals under combined torsion and axial load or bending. Journal of Engineering for Industry, 1959, 81(4): 301-305.

[76] Chaboche J L. Continuous damage mechanics—A tool to describe phenomena before crack initiation. Nuclear Engineering and Design, 1981, 64(2): 233-247.

[77] Lemaitre J. How to use damage mechanics. Nuclear Engineering and Design, 1984, 80(2): 233-245.

[78] Lemaitre J, Chaboche J L. Mechanics of Solid Materials. Cambridge: Cambridge University Press, 1990.

[79] Berti G A, Monti M. Improvement of life prediction in AISI H11 tool steel by integration of thermo-mechanical fatigue and creep damage models. Fatigue & Fracture of Engineering Materials & Structures, 2009, 32(3): 270-283.

[80] Zhang Q, Zuo Z, Liu J. A model for predicting the creep-fatigue life under stepped-isothermal fatigue loading. International Journal of Fatigue, 2013, 55: 1-6.

[81] Shang D, Sun G, Yan C, et al. Creep-fatigue life prediction under fully-reversed multiaxial loading at high temperatures. International Journal of Fatigue, 2007, 29(4): 705-712.

[82] Amaro R L, Antolovich S D, Neu R W. Mechanism-based life model for out-of-phase thermomechanical fatigue in single crystal Ni-base superalloys. Fatigue & Fracture of Engineering Materials & Structures, 2012, 35(7): 658-671.

[83] Amaro R L, Antolovich S D, Neu R W, et al. Thermomechanical fatigue and bithermal-thermomechanical fatigue of a nickel-base single crystal superalloy. International Journal of Fatigue, 2012, 42: 165-171.

[84] Wang R, Zhang B, Hu D, et al. In-phase thermomechanical fatigue lifetime prediction of nickel-based single crystal superalloys from smooth specimens to notched specimens based on coupling damage on critical plane. International Journal of Fatigue, 2019, 126: 327-334.

[85] Zhao L, O'Dowd N P, Busso E P. A coupled kinetic-constitutive approach to the study of high temperature crack initiation in single crystal nickel-base superalloys. Journal of the Mechanics and Physics of Solids, 2006, 54(2): 288-309.

[86] Bouhanek K, Oquab D, Pieraggi B. High temperature oxidation of single-crystal Ni-base superalloys. Materials Science Forum, 1997, 251-254: 33-40.

[87] Göbel M, Rahmel A, Schütze M. The isothermal-oxidation behavior of several nickel-base single-crystal superalloys with and without coatings. Oxidation of Metals, 1993, 39(3-4): 231-261.

第5章 涡轮叶片热机械疲劳试验方法

涡轮叶片在服役过程中要承受离心力、气动力以及热应力等载荷的耦合作用，受载时处于多轴应力状态；在发动机的启动/停车过程中，扰流柱和气膜冷却孔等结构特征部位会产生较大的温度梯度，造成显著的应力集中，极易导致裂纹的萌生。上述载荷特征是标准试件和特征模拟件试验难以模拟的。对于涡轮叶片，工艺过程和取样的细微差异会造成疲劳性能的差异性显著，无法通过试件/模拟件试验来模拟真实涡轮叶片的疲劳性能。真实涡轮叶片试验可以在实验室条件下再现服役过程的机械载荷、高温及温度梯度等载荷/环境，可用于定位叶片危险部位，成为解决上述问题的有效方法[1-3]。本章介绍真实涡轮叶片热机械疲劳试验的方法，重点涉及机械载荷、温度(场)载荷及载荷同步控制等关键技术，建立涡轮叶片热机械疲劳试验系统，并开展某型发动机涡轮叶片热机械疲劳试验研究。

5.1 涡轮叶片热机械疲劳试验技术

实验室条件下的涡轮叶片疲劳寿命试验技术主要涉及加热、测温和加载三个方面。

5.1.1 加热方法

实验室常用的加热方法有高温炉加热、石英灯辐射加热、燃气加热、间接电阻加热和高频感应加热等方式。高温炉可在炉体内达到均匀的温度场，具有较高的温度精度，被广泛应用于等温试验，如蠕变试验、高温低循环试验、蠕变-疲劳试验等[4-8]。然而，高温炉的加热速度较慢，无法满足热机械疲劳试验快速升温的需求，且高温炉体为封闭结构，难以对试件进行强制冷却，因此不适用于温度快速变化的热机械疲劳试验。石英灯辐射加热是利用石英灯管照射试件，实现试件升温的加热方式，具有加热能力强、加热时间长、多温区控制等特点，可加热金属、复合材料等多种材料，并可通过灯管模块化集成的方式加热大型全尺寸构件。美国国家航空航天局德莱顿(NASA Dryden)飞行研究中心等机构[9-11]通过集成石英灯辐射加热模块开展了高超声速飞行器部件(如 X-37 C/C 复合材料的襟副翼等)的热机械疲劳研究(图 5.1)。德国航空航天中心(German Aerospace Center)[12]通过镜面反射 16 根 1kW 的石英灯管设计了一种石英灯辐射加热炉(图 5.2)，该加热炉加热能力较强，可在 15s 内将试件表面温度从室温升至 1000℃。该方法需要对多根灯管进行同步反馈控制，对控制系统的软硬件要求较高，并且难以模拟尺寸较小的涡轮叶片的非均匀温度场。在实验室条件下，发动机热端部件高温条件模拟常用的加热方法主要有燃气加热、间接电阻加热和高频感应加热等[13-15]。

(a) 单个石英灯加热器　　　　　　　(b) 组装模块化石英灯组

图 5.1　美国国家航空航天局德赖登飞行研究中心石英灯辐射加热

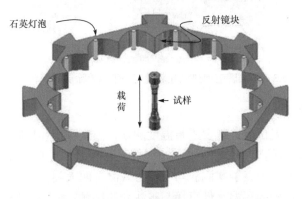

图 5.2　德国航空航天中心搭建的石英灯管照射加热炉示意图

　　燃气加热是利用燃料燃烧时产生的热能对试件进行加热，可以真实地模拟发动机热端部件的工作环境(如燃气与零部件的热量交换、氧化、腐蚀等)，并且对试件的材料无特殊要求(金属、非金属复合材料等)。但是，燃气加热设备构造复杂、成本较高且难以施加机械载荷，通常用于发动机热端静子件(涡轮导叶、燃烧室以及热障涂层等)的热疲劳试验[1, 16]。

　　间接电阻加热是利用电流流过电热体放出的热量，通过辐射和对流的方式对试件进行加热[13-15]。对开式高温大气炉采用间接电阻加热，加热均匀、温度控制精度高，可以对金属及非金属试件进行加热。但是，间接电阻加热升温速率较小，并且无法模拟温度梯度，通常用于带或不带热障涂层试件的低循环疲劳、蠕变-疲劳以及升温速率很低的热机械疲劳试验等[17]。

高频感应加热是利用电磁感应原理，将金属试件放在交变磁场中，使其产生感应电流，从而产生焦耳热来加热试件。由于交流电的集肤效应(趋肤效应)，感应电流在金属试件界面上的分布是不均匀的，表面电流密度大，热量也主要产生于表面层内，通过热传导逐渐向中心传递，并且感应加热频率越高，加热的深度越浅[13-15]。但是，感应加热只适用于金属材料，通常用于不带热障涂层的标准试件、特征模拟件及真实构件的热机械疲劳、蠕变-疲劳、低循环疲劳、热疲劳等试验[1-3, 18-36]，如图 5.3 所示。

图 5.3　高频感应加热试验装置与不带热障涂层的涡轮叶片

5.1.2　测温方法

对于任何非常温试验，都要进行温度测量，温度测量和控制的准确程度直接关系到试验结果。对于不同的试验对象和试验装置，所采用的测温方法有所不同。温度测量方法一般分为接触式测温与非接触式测温两大类。

接触式测温仪表的感温元件直接与被测介质接触，测量方法比较简单且直观，可靠性较高[37,38]。接触式测温仪表主要有膨胀式温度计、电阻温度计及热电温度计(热电偶)等。K 型热电偶是目前最常用的廉价金属热电偶，其抗氧化性能强，使用温度为–200～1350℃。采用热电偶测温时，应保证试验过程中热电偶始终与试件接触良好，否则可能会产生测温误差，这在采用感应加热时尤其明显。对于采用感应加热的发动机热端部件的高温试验，通常采用焊接和兜接两种方法来保证热电偶与试件紧密接触[39]。焊接法是将热电偶直接焊在试件表面，焊接过程产生的瞬时高温不可避免地会对试件表面造成初始损伤，可能引起试件首先在焊点处失效，并且在承受热机械疲劳载荷时焊点极易脱落[27]。ISO CD12111 规定，热电偶与试样的直接接触点不应引起初期失效，并推荐采用在试件标距外点焊或通过捆绑和压制一个外壳的方法将热电偶与试验表面固定[40]。兜接法是利用耐高温的金属丝将热电偶捆绑在试件上，金属丝两端通过两根弹簧拉紧[39-41]。但是，兜接法只能将热电偶固定在试件的凸面上，并且当试件的位移或变形过大时，会引起热电偶与试件的相对移动而造成明显的测温误差。

非接触式测温是利用物体辐射能随温度变化的性质，通过测量物体的辐射能或与辐射能有关的信号来实现温度测量，主要有亮度法(光学高温计)、辐射法(辐射高温计)和比色法(比色温度计)[37, 38, 42]。在发动机热端部件的高温试验过程中，试件表面状态的变化(氧化)导致的发射率变化对试验温度测量准确度的影响十分显著，通常需采用热电偶等接触式测温仪表对其进行修正，这在很大程度上限制了非接触式测温仪表的应用。

5.1.3　加载方法

涡轮叶片疲劳寿命试验需要解决的另一个问题是对叶片服役过程中所承受的机械载荷进行模拟。在实验室条件下，通常采用拉伸或拉-扭疲劳试验机对涡轮叶片进行加载。疲劳试验机的夹头是针对标准试件进行设计的，因此需要另外设计专用夹具，用于固定涡轮叶片，并将疲劳试验机产生的机械载荷可靠地传到涡轮叶片上。目前，涡轮叶片夹具可以分为半刚性和刚性两种。

半刚性夹具的思想主要来源于美国空军研究实验室(Air Force Research Laboratory, AFRL)[43]研制的燃气涡轮发动机转子叶片试验加载装置(图 5.4)。该装置为风扇叶片高低循环复合疲劳试验提供低循环离心载荷，其主要原理是利用半刚性的尼龙带将叶尖与疲劳试验机的夹头进行连接，机械载荷由夹头经尼龙带传递到叶片上，通过改变尼龙带与叶片的夹角来调整叶片的应力分布。该半刚性夹具的主要缺点是：尼龙的熔点和强度较低，不适用于高温环境，难以可靠传递大的机械载荷。

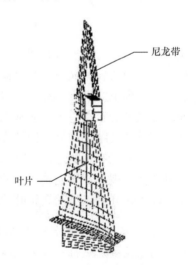

尼龙带

叶片

图 5.4　半刚性夹具示意图

北京航空航天大学针对涡轮叶片蠕变-疲劳试验研制的刚性夹具如图 5.5 所示[3, 44]，其主要原理是：利用互相垂直的两对销轴将夹具的主要零件进行连接；每个销轴连接的两个零件构成一个转向节，零件可以绕销轴小幅转动；零件在销轴连接处存在间隙，可以插入金属垫片；通过调整销轴连接部位左右的垫片数目，改变涡轮叶片与疲劳试验机主轴的夹角，进而调整叶片的应力分布。该刚性夹具的主要缺点是：在承受机械载荷时，夹具的变形会引起涡轮叶片位置的明显变化，不利于感应加热和温度测量；采用内夹具与涡轮

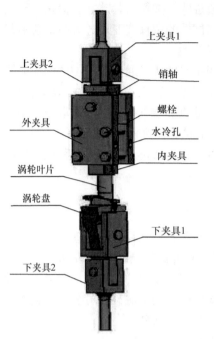

上夹具1

上夹具2

销轴

螺栓

外夹具

水冷孔

内夹具

涡轮叶片

涡轮盘

下夹具1

下夹具2

图 5.5　刚性夹具示意图

叶片间静摩擦将机械载荷传递到叶片上,载荷较大时可能出现内夹具与叶片滑脱,不适用于叶身较短并带有气冷通道的高压涡轮叶片。

需要注意的是,涡轮叶片的离心力为体力,叶根截面平均应力较大,而叶尖截面应力为零;疲劳试验机提供的拉伸载荷为集中力,叶根截面面积较大、应力较小,而叶尖截面面积较小、应力较大。因此,采用疲劳试验机无法模拟整个叶片的三维应力场,而只能对某一截面(如损伤最大的截面)的应力场进行模拟。

5.1.4　涡轮叶片热机械疲劳试验系统

目前对热机械疲劳的研究主要是通过标准件和特征结构模拟件试验结果,研究材料热机械疲劳力学行为和疲劳寿命,得到材料的本构模型和损伤模型,进一步推广至真实构件的力学行为模拟和疲劳寿命评估。然而,这些试验的试件形式和机械/温度载荷历程通常较为简单,难以模拟真实涡轮叶片在服役过程中承受的多轴应力状态和应力/温度梯度导致的应力集中状态。同时真实涡轮叶片通过熔模铸造完成,而标准试件通常在毛坯棒的基础上机械加工而成,加工工艺的差异进一步加大了标准试件试验结果向真实构件推广的难度。因此,进行真实涡轮叶片的热机械疲劳试验对涡轮叶片的定寿研究以及叶片故障的分析有着重要意义[45]。近年来,国内外学者开展了真实涡轮叶片的热机械疲劳试验技术研究并建立了相应的试验系统,以下是几种典型的涡轮叶片热机械疲劳试验系统。

1. 俄罗斯中央航空发动机研究院(Central Institute of Aviation Motors, CIAM)[1] 研制的涡轮叶片热机械疲劳试验系统(图 5.6)

该试验机械载荷由拉-扭疲劳试验机提供,通过调节试验机的拉伸、扭转载荷来模拟服役条件下涡轮叶片考核截面的应力场。由于试验机能独立地控制拉伸、扭转载荷,叶片考核截面应力场调试精度较高。叶片考核截面温度载荷采用高频炉与感应线圈施加,通过改变感应线圈的形状来调试考核截面的温度场。但是,该试验系统未引入气冷装置,无法模拟空心叶片的气冷过程。

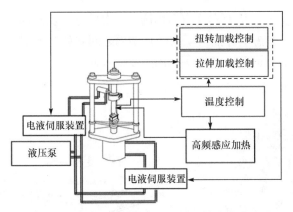

图 5.6　CIAM 研制的涡轮叶片热机械疲劳试验器

2. 中国航发沈阳发动机研究所[2]研制的 A714D 气冷涡轮叶片热/机械复合疲劳试验系统(图 5.7)

该试验系统主要由电液伺服疲劳试验机、高频炉、冷气加温系统、双路协调加载测控系统、裂纹检测系统等构成，采用尼龙带传递机械载荷，实现叶片应力场的模拟。加热方式同样采用高频感应加热，感应线圈采用方形紫铜管制作。中国航发沈阳发动机研究所利用此试验系统完成了某型涡轮叶片的热机械疲劳试验，从给出的试验数据可以看出，试验中加载温度偏差较大，达到了 250℃，说明其协调测控系统仍有待改进。

图 5.7　A714D 气冷涡轮叶片热/机械复合疲劳试验器

3. 中国航发四川燃气涡轮研究院[46]研制的气冷涡轮叶片热机综合疲劳试验系统(图 5.8)

叶片离心机械载荷由疲劳试验机提供，并通过叶片-夹具系统(图 5.8(a))传递到叶片考核截面。为了在考核截面获取所需应力场，在叶冠夹具上方设计了一个丝杠二位移调节机构(图 5.8(b))，用于改变涡轮叶片受载中心的横向位置与疲劳机主轴中心的相对位置，从而实现应力场调节。考核截面由高频感应炉协同感应加热线圈加热，通过在感应加热线圈与叶片型面之间施放 U 形铁氧体的方式，使感应线圈与叶片型面等间隙，从而实现温度场调节。

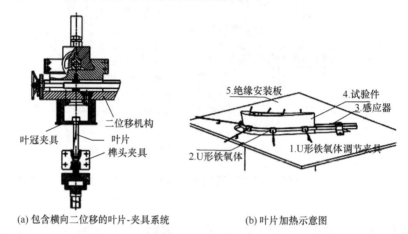

(a) 包含横向二位移的叶片-夹具系统　　　　(b) 叶片加热示意图

图 5.8　涡轮叶片热机综合疲劳试验系统

4. 北京航空航天大学[47-49]设计的涡轮叶片热机械疲劳试验系统(图 5.9)

该试验系统主要包括加载、加热、冷却(含气冷和水冷两部分)和控制等子系统。加载、加热和冷却子系统分别用于提供涡轮叶片热机械疲劳试验所需的机械载荷、高温环境、冷却气流以及试验设备的冷却；控制子系统用于对加载、加热和冷却子系统进行同步控制，实现涡轮叶片应力、温度和气冷的同步变化。

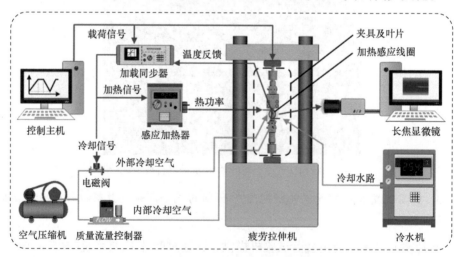

图 5.9　涡轮叶片热机械疲劳试验系统框图

1) 加载子系统

加载子系统由疲劳试验机和涡轮叶片专用夹具组成，用于固定涡轮叶片并提供试验所需的机械载荷。由于疲劳试验机提供沿主轴方向的拉伸-压缩载荷与叶片的实际受载情况不匹配，需要采用自行设计的涡轮叶片专用夹具来固定涡轮叶片并且在考核截面产生所需的应力场。涡轮叶片专用夹具为刚性夹具，主要由上叉子座、下叉子座、销轴、叉子、涡轮盘近似件、挡板、调节螺钉、叶片组合夹具等构成，如图 5.10 所示。

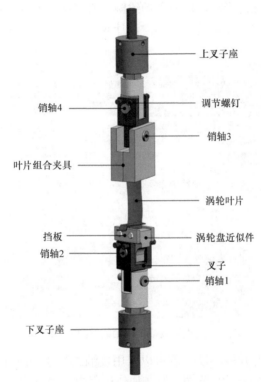

图 5.10 涡轮叶片专用夹具

涡轮叶片专用夹具的上、下叉子座分别固定于疲劳试验机的上、下夹头上，用于传递疲劳试验机所产生的机械载荷。叶片组合夹具为分半式结构，为了便于机械载荷的可靠传递，对于不带叶冠的涡轮叶片，需要在其叶尖部位通过浇铸或焊接获得一异形叶冠。异形叶冠与叶片组合夹具的内孔相配合，将机械载荷传递到叶身上，避免了仅采用摩擦加载方式易出现滑脱的问题。涡轮盘近似件上带有气冷通道，冷却气流通过气冷通道进入涡轮叶片的内腔，进行内部冷却。上叉子座与叉子、叉子与叶片组合夹具、叉子与涡轮盘近似件、下叉子座与叉子之间通过销轴连接，形成调节关节，用于调节涡轮叶片与疲劳试验机主轴的夹角。

2) 加热子系统

加热子系统由高频感应加热炉和感应线圈组成，用于模拟涡轮叶片工作的高温环境。感应加热升温速率快，并且由于趋肤效应[26-28]，其加热深度较浅，能够很好地模拟服役条件下燃气对涡轮叶片表面的加热状态。由于试验采用的涡轮叶片结构与热边界条件十分复杂，感应线圈的形状和位置难以直接确定，需要采用不同形状的线圈(图 5.11)对涡轮叶片进行加热，研究线圈的形状、位置与考核截面温度分布的关系，在此基础上逐步改进线圈。在温度场调整过程中发现，采用单一铜管只能绕制出几何形状比较简单的线圈，难以满足涡轮叶片考核截面温度场模拟的要求，因此在实际试验过程中需设计双管分半感应加热线圈。

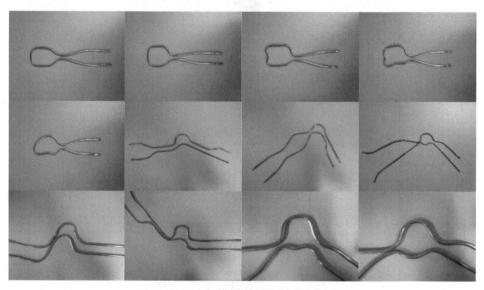

图 5.11　温度场模拟所用的不同感应线圈

高频炉对涡轮叶片的温度监测可以采用接触式测温(如热电偶)或非接触式测温(如红外测温仪)来实现[24, 29, 30]。但在加热过程中，涡轮叶片表面会产生明显的氧化，引起发射率的变化，导致红外测温的精度显著降低，不利于温度的实时监控及反馈。为了使高频炉能够准确控制涡轮叶片表面的温度，试验通常采用热电偶进行温度监测。

试验过程中应避免将热电偶通过点焊与叶片表面连接，原因如下：首先点焊过程产生的瞬时高温会破坏涡轮叶片表面晶体组织，产生局部再结晶等初始缺陷，带来材料局部性能的改变；其次在承受热机械疲劳载荷时，焊点不够稳定，极易脱落，迫使试验中断；此外，在加载过程中涡轮叶片专用夹具产生的变形会导致涡轮叶片的位置发生改变，采用兜接法[31-33]难以保证热电偶在试验过程中始终与涡轮叶片的同一位置保持良好接触。

为了避免对涡轮叶片表面造成初始损伤，并保证试验过程中热电偶与涡轮叶片始终紧密接触，试验采用间接测温的方法进行温度监测：

(1) 将热电偶焊接在耐高温的金属基体上，如图 5.12 所示。

(2) 在考核截面上选取远离测试点的一点作为高频炉监测点。

(3) 利用耐高温的金属丝将焊有热电偶的金属基体捆绑在涡轮叶片上，并使热电偶与高频炉监测点紧密接触。

(4) 在试验过程中，当感应线圈形状和位置固定时，只要保证高频炉监测点温度以及金属基体在涡轮叶片上的位置不变，就可以得到与调试结果相同的温度场。

在进行热机械疲劳试验时，每经过 50

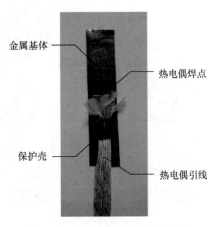

图 5.12　间接测温采用的热电偶

个循环对热电偶的位置进行校正。温度测量结果表明：在试验过程中，热电偶位置偏移量小于 0.5mm，引起的涡轮叶片考核截面测点温度变化小于 1%，加热子系统精度较高。

3) 冷却子系统

冷却子系统分为气冷和水冷两部分。

气冷部分由空气压缩机、减压稳压阀、质量流量控制器(mass flow controller，MFC)和三通接头组成(图 5.13)，用于提供涡轮叶片热机械疲劳试验所需的冷却气流。空气压缩机能够提供连续的气流，但气流压强、流量均不稳定；在空气压缩机出口处安装减压稳压阀，可以将气流压强稳定为 0.45MPa；稳压后的气流经过 MFC 后，流量稳定为 371NL/min。在 MFC 后，安装有三通接头。三通接头的一个出口与涡轮盘近似件的气冷通道相连，可以使冷却气流由涡轮叶片榫头底部进入叶片内腔，并从气膜冷却孔、叶尖排气孔以及尾缘排气孔等部位排出，实现涡轮叶片的内部冷却。三通接头的另一个出口处安装有常闭电磁阀，用于实现内部冷却与外部冷却之间的转换。当电磁阀打开时，可以使一半的冷却气流直接吹到涡轮叶片前缘表面上，模拟发动机停车时空气对涡轮叶片的强制冷却过程。

水冷部分由水泵和储水箱组成，用于冷却疲劳试验机、高频炉、感应线圈和叶片组合夹具等仪器设备。叶片组合夹具在试验过程中受到感应线圈的加热和涡轮叶片的传热，温度较高，需重点进行冷却。此外，高频炉和感应线圈在工作时会产生大量的热，需单独进行冷却。为了节省水资源，采用水循环系统。储水箱里的冷却水经过水泵增压后分为两部分：一部分进入高频炉和感应线圈；另一部分进入叶片组合夹具的水冷孔。两部分冷却水完成对仪器设备的冷却后回到储水箱，构成冷却水循环。

(a) 空气压缩机　　　　　　　　(b) 减压稳压阀　　　　　　　(c) 质量流量控制器

图 5.13　气冷部分组成

4) 控制子系统

控制子系统由载荷控制器、温度控制器及常闭电磁阀组成，用于对加载、加温及冷却子系统进行同步控制。控制子系统如图 5.14 所示。载荷控制器为疲劳试验机配备，输入机械载荷波形，输出机械载荷电压信号。机械载荷电压信号分两路：一路输入疲劳试验机，对涡轮叶片专用夹具进行加载；另一路输入温度控制器。温度控制器为自行设计，并与高频炉相配，输入机械载荷电压信号，并根据机械载荷电压信号的增大/减小，输出高频炉的开/关信号和常闭电磁阀的关/开信号：当机械载荷电压信号增大时，高频炉开启，对涡轮叶片进行加热，加热速率由高频炉的加热功率控制；当机械载荷电压信号减小时，高频炉关闭，同时打开常闭电磁阀，实现涡轮叶片的外部冷却；当机械载荷电压信号不变时，高频炉和常闭电磁阀的状态保持不变。

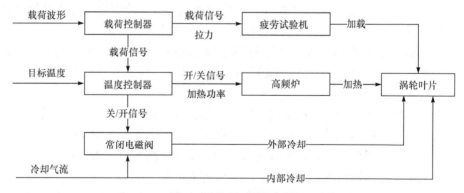

图 5.14　控制子系统框图

　　以上试验系统可以模拟涡轮叶片考核截面在温度载荷和机械载荷下的失效过程，但忽略了实际服役条件下气动载荷诱发叶片横向振动及自身的小幅值、高频率的高循环振动。为此，对试验系统进一步改进，添加了高循环载荷加载子系统(高循环载荷由高频激振器进行独立加载)，并对专用夹具进行改进，建立了叠加振动载荷的涡轮叶片热机械疲劳试验系统。专用夹具由上接头、上叉子、承力梁、承力臂、限幅板、摆动臂、叶背夹具、叶盆夹具、加热线圈、空气涡轮叶片、气冷喷头、榫头夹具、普通挡板、带气流通路的挡板、下叉子和下接头组成(图 5.15)。与图 5.10 所示的夹具类似，该夹具也能将疲劳试验机载荷传递给涡轮叶片，通过调整涡轮叶片与疲劳试验机主轴的夹角实现涡轮叶片的偏心拉伸。此外，通过添加垫片调节限幅板与承力臂之间的距离，并调节函数信号发生器、功率放大器和激振器施加振动载荷，可以模拟空心涡轮叶片的振动载荷。

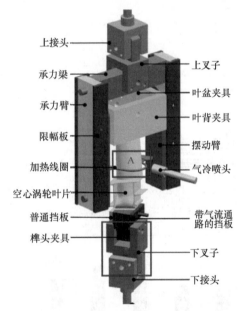

图 5.15　叠加振动载荷的涡轮叶片热机械疲劳试验夹具

5.2　某型发动机涡轮叶片热机械疲劳试验

5.2.1　试验要求

　　涡轮叶片在服役条件下产生的应力场和温度场沿叶片的展向和弦向变化，在实验室条件下难以对整个叶片的应力场和温度场进行模拟。实际上，涡轮叶片的寿命通常取决于其损伤最大的部位[1-3]。因此，可以采用发动机外场故障结果并结合有限元分析技术，确定涡轮叶片最易失效的部位，以此作为试验的考核截面[36]。

通过合理设计的加载、加热、冷却、控制等试验装置,来模拟考核截面在服役条件下产生的交变应力场和交变温度场,从而对涡轮叶片的疲劳寿命进行评估。

　　针对具有复杂的冷却内腔以及大量的扰流柱和气膜冷却孔的某型先进发动机一级涡轮叶片,通过外场试验与流-热-固多学科耦合数值模拟,确定该涡轮叶片的考核截面为叶身中截面(温度最高的截面),如图 5.16(a)所示。为了便于在试验过程中对考核截面的应力场、温度场进行测量,在考核截面上选取 6 个点作为试验测试点(简称测点),测点位置如图 5.16(b)所示。通过有限元传热分析和应力分析计算得到涡轮叶片在服役条件下的温度场和应力场,并选取考核截面测点的循环峰值应力和循环峰值温度作为试验条件下应力场和温度场模拟的目标,如图 5.17 所示。

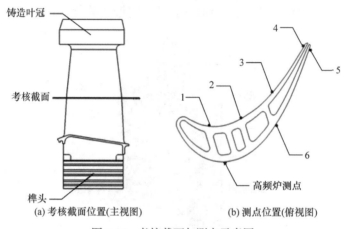

(a) 考核截面位置(主视图)　　　　　(b) 测点位置(俯视图)

图 5.16　考核截面与测点示意图

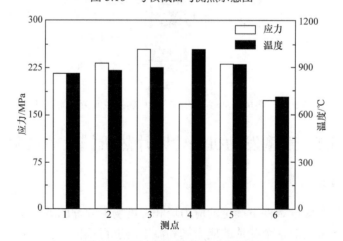

图 5.17　测点循环峰值应力和温度

从图 5.17 可以看出，与其他测点相比，测点 3(应力最大)、4(温度最高)、5(应力较大、温度较高)在热机械疲劳试验过程中可能承受更多的损伤，因此在考核截面服役条件的模拟过程中应尽量减小上述测点的应力、温度与目标值的误差。

涡轮叶片热机械疲劳试验所采用的载荷谱是由发动机的服役载荷谱简化得到的，形式为梯形波，应力与温度同相位变化，如图 5.18 所示，并要求测点谷值应力为峰值应力的 5%~15%，谷值温度不高于 200℃。

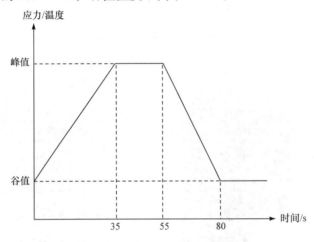

图 5.18 热机械疲劳试验载荷谱

在热机械疲劳试验过程中，涡轮叶片冷却气流的变化简化为两个阶段：内部冷却阶段(在加载和峰值保载阶段，冷却气流全部进入涡轮叶片内腔，进行内部冷却)和外部冷却阶段(在卸载阶段，约 1/2 的冷却气流直接吹到涡轮叶片的前缘表面，进行外部冷却，用于模拟发动机停车时空气对涡轮叶片的强制冷却过程；其余冷却气流仍然进行内部冷却)。涡轮叶片的冷却气流为压强 0.1MPa、流量 8g/s 的冷却空气，折合体积流量为 371NL/min。

5.2.2 应力场模拟

涡轮叶片工作在高温条件下，应在 1000℃左右的试验应力场温度下进行模拟，但测量精度较高的接触式应变测量法很难在以上高温环境下工作，故需要将高温应变转化为室温应变(表 5.1)，采用应变片对考核截面上 6 个测点进行测量(图 5.19)。试验在载荷控制模式下进行，当高温状态下的机械载荷与室温状态下相同时，可以近似认为二者在考核截面所产生的应力场相同。这样就可以在室温条件下对应力场进行调试以确定试验所需机械载荷的大小。

表 5.1　应力场模拟目标

测点	应力/MPa	室温应变/10^{-6}
1	216	1610.738
2	232	1730.052
3	254	1894.109
4	167	1245.339
5	230	1715.138
6	172	1282.625

(a)　　　　　　　　　　　　　　　　　(b)

图 5.19　应变片的布置

　　涡轮叶片考核截面应力场的模拟是通过加载子系统实现的。在试验条件下,涡轮叶片的应力场取决于疲劳试验机提供的机械载荷以及涡轮叶片与疲劳试验机主轴的夹角。通过调节关节处的螺栓改变各关节间隙,实现涡轮叶片的偏心拉伸,将单轴的拉伸载荷分解出使叶片产生弯曲、扭转变形的分量。利用上述方法,同时改变疲劳试验机的拉伸载荷,可以调整涡轮叶片的应力场,实现考核截面应力场的模拟。针对某型发动机涡轮叶片,在最高温度保载条件下,各测点应力调试结果如图 5.20 所示,此时疲劳试验机的拉伸载荷为 40kN,实现了考核截面应力场的精确模拟。

5.2.3　温度场模拟

　　对涡轮叶片考核截面温度场的模拟需要借助加热子系统和冷却子系统的气冷部分。在试验条件下,涡轮叶片的温度场受感应线圈的形状、感应线圈与涡轮叶片表面的距离、高频炉的加热功率以及涡轮叶片的冷却气流量等多方面因素综合影响。

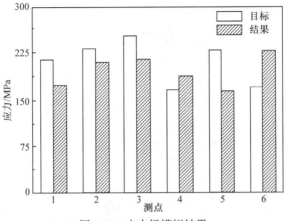

图 5.20　应力场模拟结果

温度场模拟过程需要对考核截面测点的温度进行准确测量，因此将热电偶直接焊接在涡轮叶片考核截面的各个测点处，并在热电偶焊点和引线处通过点焊不锈钢薄片形成保护壳，将热电偶固定在涡轮叶片上[39]，如图 5.21 所示。

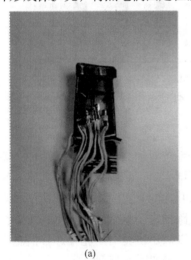

　　　　　　　(a)　　　　　　　　　　　　　　　(b)

图 5.21　热电偶的分布

在试验的峰值保载阶段，涡轮叶片内腔的冷却气流量恒定，因此考核截面的温度场只取决于高频炉的加热功率以及感应线圈的形状和位置。通过改变感应线圈的形状以及感应线圈与涡轮叶片表面的距离，可以在涡轮叶片表面产生所需的温度梯度，实现涡轮叶片考核截面温度场的模拟。试验所用感应线圈形式如图 5.22 所示。温度场模拟结果如图 5.23 所示，此时高频炉测点温度为 550℃。由于只需要对涡轮叶片的考核截面进行加热，试验所采用的感应线圈为一匝。

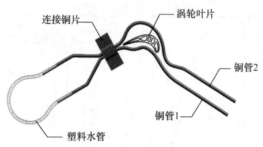

图 5.22　双管分半式感应线圈

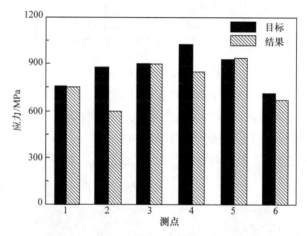

图 5.23　温度场模拟结果

5.2.4　试验过程与结果

涡轮叶片载荷谱的模拟是通过控制子系统对加载、加热以及冷却子系统的气冷部分进行同步控制实现的：当机械载荷增大时，高频炉开启，加热涡轮叶片，通过调整高频炉初始加热功率可以使涡轮叶片的升温时间满足载荷谱要求；当机械载荷减小时，高频炉关闭，同时打开气路的常闭电磁阀对涡轮叶片进行外部冷却，通过改变机械载荷的谷值保载时间可以满足试验对涡轮叶片谷值温度不高于200℃的要求。试验的热机械疲劳循环(测点 5)如图 5.24 所示。

在依次完成考核截面应力场、温度场的模拟后，在载荷控制模式下进行涡轮叶片热机械疲劳试验，试验过程如图 5.25 所示。

在试验过程中，采用光学显微镜对涡轮叶片考核截面进行实时观测，当涡轮叶片出现明显穿透裂纹(长度 1～2mm)时，停止试验并取下叶片。试验结果如表 5.2 所示，试验后的涡轮叶片如图 5.26 所示。

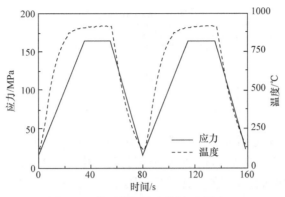

图 5.24　典型热机械疲劳循环(测点 5)

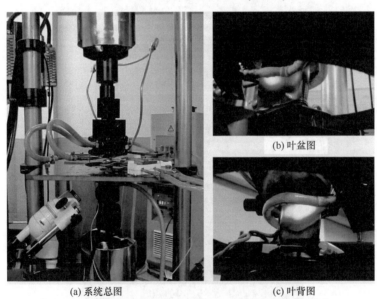

(b) 叶盆图

(a) 系统总图　　　　　　　　　　　　　　　　(c) 叶背图

图 5.25　涡轮叶片热机械疲劳试验

图 5.26　试验后的涡轮叶片

表 5.2　涡轮叶片热机械疲劳试验结果

涡轮叶片编号	试验寿命/循环	平均寿命/循环	裂纹位置
1	524		
2	466	513.5	考核截面叶背尾缘(测点 5 附近)
3	769		
4	295		

试验结束后，观察叶片裂纹，并在其他部位寻找肉眼不可见裂纹。将叶片整体放入 SEM 室，可见裂纹出现在叶片考核截面的叶背尾缘处，裂纹形貌如图 5.27 所示。叶片考核截面其他部位，尤其是气膜孔边，并未出现裂纹(图 5.28)。

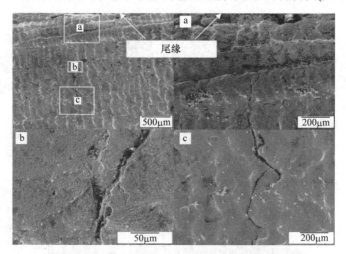

图 5.27　涡轮叶片尾缘裂纹形貌

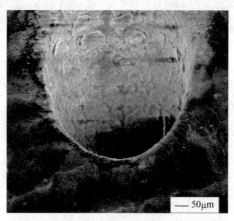

图 5.28　涡轮叶片气膜孔边试验后试验状态

由于试验终止时涡轮叶片仍完整一体，裂纹面隐藏于叶片壁面中。为了获取断口信息，揭示裂纹萌生、扩展机制，提出了一种裂纹断口制样方法(图 5.29)。期望通过这种方法，将裂纹面完整地保存在两个 SEM 样品上，具体步骤如下：

(1) 利用线切割沿考核截面，从前缘开始对切割叶片，直至切割前缘靠近裂纹尖端。切割时应特别注意保护裂纹，避免裂纹被切割、污染。这一步骤可以尽量使得后续叶片拉断时，从裂纹尖端薄弱处断裂。对未发现裂纹的部分进行线切割，显著降低了后续拉伸载荷，防止裂纹面在大拉伸载荷下意外受载发生二次破坏(图 5.29(b))。

(2) 将初次切割后的叶片重新装夹在夹具系统中，并用疲劳试验机分别夹住上下夹持端。设定疲劳试验机为拉伸模式，作动筒缓慢运动，逐渐将叶片拉开直至断裂，此时叶片一分为二(图 5.29(c)、(d))。

(3) 分别切割已拉开叶片的上、下两部分，切割出分别包含上、下裂纹面的两个 SEM 样品(图 5.29(e))。两个样品尺寸较小，可以方便地在 SEM 中观察。

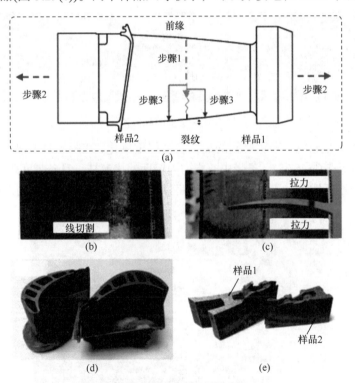

图 5.29　涡轮叶片 SEM 样品制备方法

样品 1 的断面宏观形貌如图 5.30 所示，样品断裂面包含 3 个区域：区域 1 为线切割区域，具有明显的线切割烧蚀痕迹；区域 2 为拉伸断裂区域，由大量光滑的解理面构成；区域 3 为粗糙、暗黑的热机械疲劳裂纹面，贯穿了整个叶背壁面。对应地，样品 2 中也有相应的三个区域。

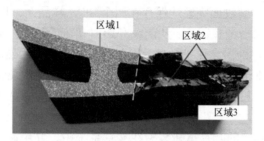

图 5.30　涡轮叶片样品 1 宏观形貌

　　首先观察样品 1，其多张裂纹 SEM 图合成的整体裂纹形貌如图 5.31 所示。图中虚线的左侧即拉伸断裂的区域 2，可见光滑的晶体学平面。区域 3 为较为粗糙的裂纹面，颜色较深，未见明显的解理面，这与目视检查是一致的。

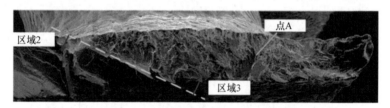

图 5.31　涡轮叶片样品 1 上的热机械疲劳裂纹形貌

　　裂纹面颜色较深，表明暴露的裂纹已被严重氧化，在图 5.31 中点 A 处发现了少量的疲劳条带(图 5.32)。条带中心指向内壁面的扰流柱，且条带间距从内壁面向外壁面方向逐渐增大，表明叶片热机械疲劳裂纹从内壁面萌生，并向外壁面扩展。

图 5.32　样品 1 上点 A 位置的热机械疲劳条带

样品 2 断裂面的多张组合完整图像如图 5.33 所示。与样品 1 相同，裂纹面大部分区域被不均匀的氧化层覆盖，尤其是靠近叶片内壁面的局部区域。对内壁面附近疑似源区的高倍放大图如图 5.34 所示。由图 5.34 可以发现，裂纹面靠近叶背内壁面的区域被严重氧化，一些氧化层已经开始剥落，而靠近外壁面的部分，氧化态势不明显。整体而言，从内壁面向外壁面，氧化层厚度明显减薄。在高温疲劳试验中，新的裂纹面相对于老裂纹面更少地暴露在高温空气中，因而氧化程度较轻。裂纹面氧化规律表明，裂纹从叶片内壁面首先萌生并向外壁面扩展。当裂纹在循环载荷作用下向外壁面扩展时，氧化层厚度减薄，疲劳条带开始显现。虽然靠近内壁面的区域被厚氧化层覆盖，裂纹源区特征难以直接观察到，但是裂纹面上氧化层厚度的变化趋势、疲劳条带形状特征、疲劳条带间距变化规律都表明裂纹从内壁面扰流柱处萌生，并沿着壁厚方向，从内壁面向外壁面扩展。

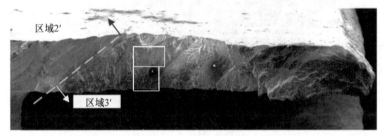

图 5.33　样品 2 上裂纹面的 SEM 照片

由于源区有较厚的氧化层存在，不能直接观测到内壁面附近的疲劳条带。关注图 5.34 的疲劳条带，测量出每条疲劳条带与内壁面的距离 d。由于前述分析确定源区位于内壁面上，该距离 d 值实际上就是裂纹长度。图中可见的最大距离 d_{max}=425.7μm，最小可见条带距离 d_{min}=281.9μm，而此处叶片壁厚 574μm，裂纹长度 d 总是小于等于该厚度值。宏观断裂力学常用的 Paris 公式通常适用于长裂纹(>0.78mm)，因此在该尺度下，并不能描述小裂纹扩展情形。疲劳条带是裂纹扩展中反复的裂纹尖端钝化造成的，与循环数的 1∶1 的关系在多种情况下得到验证[50-52]。在已有断口条件下，同样假设每条疲劳条带是由单一循环产生的。基于这种假设，画出疲劳条带与内壁面的距离 d 和对应循环的曲线如图 5.35(a)所示。曲线表明，在最后几次循环时，裂纹扩展速率急剧增加，而在此之前，则表现为一条较为平直的斜线，较为匀速扩展。假设前期的裂纹扩展同样保持匀速，将裂纹曲线进一步向前延伸，直到曲线与横坐标相交，此时裂纹长度为零。这表明此处应为裂纹萌生寿命，延伸后的曲线如图 5.35(b)所示，坐标交点为(261.3, 0)，裂纹萌生寿命约 261 循环。相应地，其裂纹扩展寿命为 64 循环，占总寿命的 19.7%。

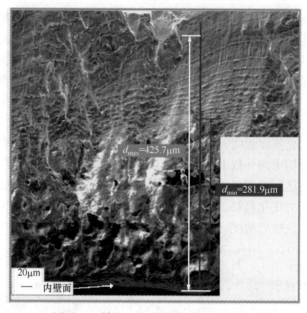

图 5.34 样品 2 上叶片裂纹形貌放大图

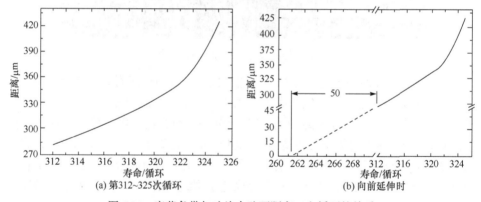

(a) 第312~325次循环   (b) 向前延伸时

图 5.35 疲劳条带与叶片内壁面距离 d 和循环的关系

5.3 本 章 小 结

本章总结了涡轮叶片热机械疲劳试验方法，重点介绍了自行研制开发的涡轮叶片热机械疲劳试验系统。该系统由加载、加热、冷却及控制子系统组成，虽然是针对涡轮叶片热机械疲劳试验发展的，但是其加载、加热、气冷及载荷控制等关键技术可以应用到其他真实构件(如涡轮导叶)以及特征模拟件、标准试件的热机械疲劳、蠕变-疲劳、低循环疲劳、热疲劳等试验中。此外，以某型涡轮叶片热机械疲劳试验为例，进行了涡轮叶片考核截面交变应力场和交变温度场的模拟，并通过涡轮叶片热机械疲劳试验确定了裂纹萌生的危险部位及寿命。

参 考 文 献

[1] Bychkov N G, Lukash V P, Nozhnitsky Y A, et al. Investigations of thermomechanical fatigue for optimization of design and production process solutions for gas-turbine engine parts. International Journal of Fatigue, 2008, 30: 305-312.

[2] 王洪斌. 涡轮叶片热/机械复合疲劳试验方法研究. 航空发动机, 2007, 33(2): 7-11.

[3] Yan X, Nie J. Creep-fatigue on full scale directionally solidified turbine blades. Journal of Engineering for Gas Turbines and Power, 2008, 130(4): 044501-044505.

[4] 张剑, 赵云松, 骆宇时, 等. 一种镍基单晶高温合金的高温蠕变行为. 航空材料学报, 2013, 33(3): 1-5.

[5] Srivastava A, Needleman A. Porosity evolution in a creeping single crystal. Modelling and Simulation in Materials Science and Engineering, 2012, 20(3): 1-24.

[6] 侯乃先, 岳珠峰, 于庆民, 等. 温度梯度下薄壁圆管试件拉伸性能的试验与理论研究. 材料工程, 2008, 3: 36-39.

[7] Wright P K, Jain M, Cameron D. High cycle fatigue in a single crystal superalloy: Time dependence at elevated temperature. Superalloys, 2004: 657-666.

[8] 李影, 吴学仁, 于慧臣, 等. 不同取向镍基单晶高温合金在980℃下的低周循环变形行为. 机械工程材料, 2014, 38(2): 15-23.

[9] Hudson L, Stephens C. Thermal-mechanical testing of hypersonic vehicle structures. Washington: NASA, 2007.

[10] Glass D E. Ceramic matrix composite (CMC) thermal protection systems (TPS) and hot structures for hypersonic vehicles. The 15th AIAA International Space Planes and Hypersonic Systems and Technologies Conference, 2008.

[11] 王乐善, 巨亚堂, 吴振强, 等. 辐射加热方法在结构热试验中的作用与地位. 强度与环境, 2010, 37(5): 58-64.

[12] Baufeld B, Bartsch M, Heinzelmann M. Advanced thermal gradient mechanical fatigue testing of CMSX-4 with an oxidation protection coating. International Journal of Fatigue, 2008, 30(2): 219-225.

[13] 袁宝岐, 蔡惕民, 袁名炎. 加热炉原理与设计. 北京: 航空工业出版社, 1989.

[14] 蔡乔芳. 加热炉. 北京: 冶金工业出版社, 2007.

[15] 吴光英. 现代热处理炉. 北京: 机械工业出版社, 1991.

[16] Verrilli M, Calomino A, Robinson R C, et al. Ceramic matrix composite vane subelement testing in a gas turbine environment. Proceedings of ASME Turbo Expo, 2004: 1-36.

[17] Wright P K. Influence of cyclic strain on life of a PVD TBC. Materials Science and Engineering A, 1998, 245(2): 191-200.

[18] Amaro R L, Antolovich S D, Neu R W, et al. On thermo-mechanical fatigue in single crystal Ni-base superalloys. Procedia Engineering, 2010, 2(1): 815-824.

[19] Amaro R L, Antolovich S D, Neu R W. Mechanism-based life model for out-of-phase

thermomechanical fatigue in single crystal Ni-base superalloys. Fatigue & Fracture of Engineering Materials & Structures, 2012, 35(7): 658-671.

[20] Amaro R L, Antolovich S D, Neu R W, et al. Thermomechanical fatigue and bithermal-thermomechanical fatigue of a nickel-base single crystal superalloy. International Journal of Fatigue, 2012, 42: 165-171.

[21] Moverare J, Johansson S, Reed R C. Deformation and damage mechanisms during thermal-mechanical fatigue of a single-crystal superalloy. Acta Materialia, 2009, 57(7): 2266-2276.

[22] Johansson S, Moverare J, Leidermark D, et al. Investigation of localized damage in single crystals subjected to thermalmechanical fatigue (TMF). Procedia Engineering, 2010, 2(1): 657-666.

[23] Ro Y, Zhou H, Koizumi Y, et al. Thermal-mechanical fatigue property of Ni-base single crystal superalloys TMS-82+ and TMS-75. Materials Transactions, 2004, 45(2): 396-398.

[24] Zhou H, Harada H, Ro Y, et al. Investigations on the thermo-mechanical fatigue of two Ni-base single-crystal superalloys. Materials Science and Engineering A, 2005, 394(1-2): 161-167.

[25] Zhang J, Harada H, Ro Y, et al. Thermomechanical fatigue mechanism in a modern single crystal nickel base superalloy TMS-82. Acta Materialia, 2008, 56(13): 2975-2987.

[26] Han G, Yu J, Sun X, et al. Thermo-mechanical fatigue behavior of single crystal nickel-based superalloy. Material Science and Engineering A, 2011, 528(19-20): 6217-6224.

[27] Scholz A, Schmidt A, Walther H C, et al. Experiences in determination of TMF, LCF and creep life of CMSX-4 in four-point bending experiments. International Journal of Fatigue, 2008, 30(2): 357-362.

[28] Xu J, Reuter S, Rothkegel W, et al. Tensile and bending thermo-mechanical fatigue testing on cylindrical and flat specimens of CMSX-4 for design of turbine blades. International Journal of Fatigue, 2008, 30(2): 363-371.

[29] Liu F, Wang Z, Ai S, et al. Thermo-mechanical fatigue of single crystal nickel-based superalloy DD8. Scripta Materialia, 2003, 48(9): 1265-1270.

[30] 王跃臣, 李守新, 艾素华, 等. 单晶镍基高温合金 DD8 反位相热机械疲劳后的层错. 金属学报, 2003, 39(2): 150-154.

[31] 王跃臣, 李守新, 艾素华, 等. 同位相热机械疲劳形变后 γ/γ′相界面上的位错网分析. 金属学报, 2003, 39(3): 237-241.

[32] 王跃臣, 李守新, 艾素华, 等. DD8 单晶镍基高温合金热机械疲劳后的微观结构. 金属学报, 2003, 39(4): 337-341.

[33] Hong H, Kang J, Choi B G, et al. A comparative study on thermomechanical and low cycle fatigue failures of a single crystal nickel-based superalloy. International Journal of Fatigue, 2011, 33: 1592-1599.

[34] Mallet O, Kaguchi H, Ilschner B, et al. Influence of thermal boundary conditions on stress-strain distribution generated in blade-shaped samples. International Journal of Fatigue, 1995, 17(2): 129-134.

[35] Brendel T, Affeldt E, Hammer J, et al. Temperature gradients in TMF specimens. Measurement and influence on TMF life. International Journal of Fatigue, 2008, 30(2): 234-240.

[36] 李伟, 史海秋. 航空发动机涡轮叶片疲劳-蠕变寿命试验技术研究. 航空动力学报, 2001,

16(4): 323-326.

[37] 朱林彰. 高温测量原理与应用. 北京: 科学出版社, 1991.

[38] 张立谦, 李晨. 温度的电测. 北京: 中国计量出版社, 2006.

[39] 韩增祥, 王海清. 热/机械疲劳试验中的温度测量. 第八届热疲劳学术会议, 2004: 125-131.

[40] 高怡斐. 金属材料应变控制下的热机械疲劳试验方法. 第八届热疲劳学术会议, 2004: 89-108.

[41] 施惠基. 高温合金材料热机械疲劳实验技术. 实验力学, 1997, 12(4): 500-505.

[42] 凌善康, 李湜然. 温度测量基础. 北京: 中国标准出版社, 1998.

[43] Charles J C. Multi-axial testing of gas turbine engine blades. The 36th AIAA/ASME/SAE/ASEE Joint Propulsion Conference, 2000: 1-6.

[44] 胡殿印, 王荣桥, 侯贵仓, 等. 涡轮构件疲劳/蠕变寿命的试验方法. 推进技术, 2010, 31(3): 331-376.

[45] Marsh K J. Full-Scale Fatigue Testing of Components and Structures. London: Butterworths, 1988.

[46] 梁文, 炜石, 赵伟. DD6 单晶涡轮叶片热机综合疲劳试验研究. 燃气涡轮试验与研究, 2015, 28(5): 29-32.

[47] 王荣桥, 荆甫雷, 胡殿印. 单晶涡轮叶片热机械疲劳试验技术. 航空动力学报, 2013, 28(2): 252-258.

[48] Wang R, Zhang B, Hu D, et al. Thermomechanical fatigue experiment and failure analysis on a nickel-based superalloy turbine blade. Engineering Failure Analysis, 2019, 102:35-45.

[49] 荆甫雷. 单晶涡轮叶片热机械疲劳寿命评估方法研究. 北京: 北京航空航天大学, 2013.

[50] Hershko E, Mandelker N, Gheorghiu G, et al. Assessment of fatigue striation counting accuracy using high resolution scanning electron microscope. Engineering Failure Analysis, 2008, 15(1-2): 20-27.

[51] Milella P P. Fatigue and corrosion in metals. Springer Milan. https://link.springer.com/content/pdf/10.1007%2 F978-88-470-2336-9.pdf[2013-10-20].

[52] 钟群鹏, 赵子华. 断口学. 北京: 高等教育出版社, 2005.

第6章 某型镍基单晶涡轮叶片热机械疲劳寿命评估

以高精度的本构模型和寿命预测方法为基础，可进行真实涡轮叶片的寿命评估。本章以某型镍基单晶涡轮叶片为对象，结合材料本构模型和寿命模型，开展涡轮叶片考核截面热机械疲劳行为的数值模拟，确定考核截面的理论危险部位及其热机械疲劳寿命，并与第 5 章的试验数据进行对比，用以验证数值模拟方法的精度；进一步，分别研究单晶涡轮叶片热机械疲劳试验过程中可能出现的温度循环超前/滞后以及晶体取向偏角对单晶涡轮叶片热机械疲劳寿命的影响规律，为单晶涡轮叶片疲劳寿命试验与设计提供指导。

6.1 涡轮叶片热机械疲劳寿命评估

图 6.1 为第 5 章涡轮叶片热机械疲劳试验的考核截面示意图，包含扰流柱(编号 p1～p3)、气膜冷却孔(编号 h1～h7)等结构特征，采用六面体单元进行网格划分，如图 6.2 所示。

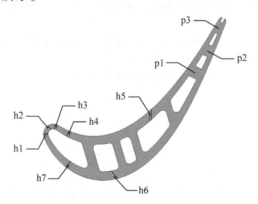

图 6.1 单晶涡轮叶片考核截面示意图

单晶涡轮叶片热机械疲劳分析采用的载荷谱为如图 6.3 所示的理论 IP TMF 载荷谱，其加载、保载、卸载时间分别为 35s、20s、25s。根据试验条件下考核截面的峰值温度分布(图 6.4)，将机械载荷转化为平均压强施加于模型上表面，峰值为 223.08MPa。单晶高温合金的晶体坐标系中材料主轴[100]、[010]、[001]分别与涡轮叶片总体坐标系 x、y、z 轴一致。

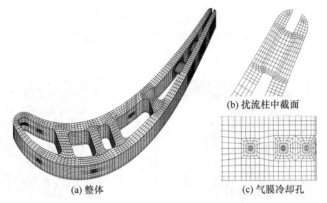

(a) 整体　　　　　　(c) 气膜冷却孔

图 6.2　单晶涡轮叶片考核截面模型有限元网格

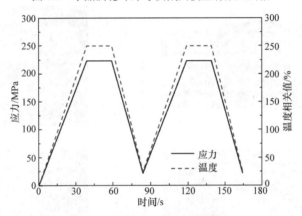

图 6.3　理论 IP TMF 载荷谱

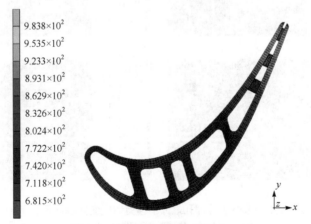

图 6.4　试验条件下考核截面峰值温度分布(单位：℃)

利用基于晶体滑移理论的 Walker 黏塑性本构模型, 进行单晶涡轮叶片考核截面在热机械疲劳载荷下的应力应变分析, 得到扰流柱和气膜冷却孔的最大滑移剪切应变分布及危险节点(即最大滑移剪切应变所在的节点)位置, 如图 6.5 所示[1]。

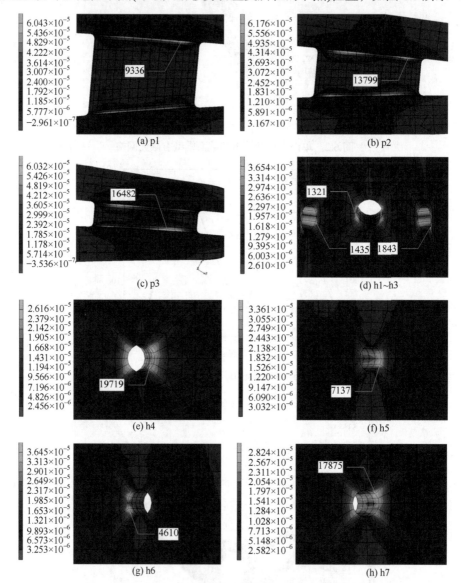

图 6.5　扰流柱和气膜冷却孔最大滑移剪切应变分布及危险节点位置

时间=163.889s, 载荷步=1600

可以看出, 扰流柱的危险节点均位于倒角处, 而气膜冷却孔的危险节点均位于孔边, 并且扰流柱危险节点的循环温度、临界滑移系上的滑移剪切应变均大于气膜冷却孔，从而导致叶片扰流柱首先发生破坏，这与试验裂纹萌生位置一致(图 5.27)[2-4]。尾缘扰流柱危险点各滑移系滑移剪切应变如图 6.6 所示，可见各滑移系滑移变形具有明显差异，且最大滑移变形出现在第十个八面体滑移系上。以此滑移系所在平面为临界平面，将滑移变形代入未经应力集中修正的寿命模型，预测结果如图 6.7(a)所示，试验数据点均落在预测寿命的 2.7 倍分散带以内，精度较高，且所有预测结果都偏安全。相对于气膜孔模拟件，真实叶片的结构更为复杂，受载时扰流柱附近存在明显的多轴应力状态，难以定义其名义应力，导致应力集中系数确定困难。为简便计算，取最大滑移剪切应变所在节点及其相同网格线外延部分作为路径(图 6.8(a))，画出其 Schmid 应力与路径之间的关系，如图 6.8(b)所示。当距离扰流柱倒角 0.3mm 以后，Schmid 应力变化已较为平缓，设定此时 Schmid 应力值为名义应力值，则扰流柱倒角处最大应力集中系数 K_t 为 1.89。当考虑应力集中影响时，修正的寿命结果如图 6.7(b)所示。此时，所有试验点均落在预测寿命的 1.8 倍分散带以内，且较为均匀地分布在预测寿命的两侧。

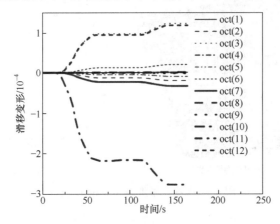

图 6.6　扰流柱危险点两个模拟循环中各滑移系的滑移变形

需要注意的是，在单晶涡轮叶片热机械疲劳试验的数值模拟过程中，采用了以下两个假设：

(1) 假设热机械疲劳载荷谱为理想同相状态，未能考虑温度循环与机械载荷循环的不同步对单晶涡轮叶片热机械疲劳变形行为的影响。

(2) 假设单晶的晶体坐标系与涡轮叶片的总体坐标系完全一致，未能考虑晶体取向的偏角对单晶涡轮叶片热机械疲劳变形行为的影响。

但以上假设很难在试验过程中完全得到保证，需要在模拟方法中对载荷谱相位差及晶体取向进行考虑，探究其对变形行为的影响，寻求规律，以指导单晶叶片的强度设计及制造。

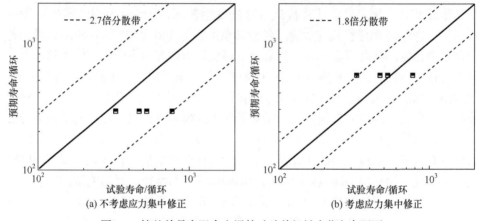

图 6.7　镍基单晶高温合金涡轮叶片热机械疲劳寿命预测

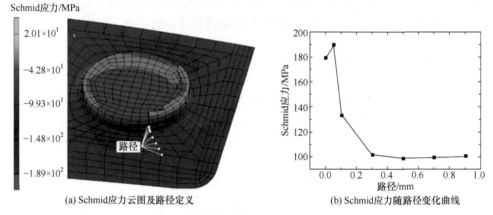

图 6.8　扰流柱附近最大 Schmid 应力

6.2　涡轮叶片热机械疲劳寿命影响因素分析

6.2.1　温度循环对热机械疲劳寿命的影响

　　单晶涡轮叶片热机械疲劳试验采用机械载荷信号控制涡轮叶片的加热/冷却过程：当机械载荷增大时，高频炉开启，加热涡轮叶片；当机械载荷减小时，高频炉关闭，同时对涡轮叶片进行外部强制冷却[5,6]。从试验测得的载荷谱(图 5.24)可以看出，在循环加载段，温度与机械载荷的变化并不完全同步，而在循环卸载段，二者的变化则基本相同。本节针对试验过程中可能出现的循环加载段温度超前或滞后于机械载荷的典型情况，研究温度循环对单晶涡轮叶片热机械疲劳变形行为的影响。

1) 温度超前热机械疲劳载荷谱

机械载荷循环保持不变；升温时间缩短 10s，降温时间不变，即升温、保温、降温时间分别为 25s、30s、25s，如图 6.9 所示。

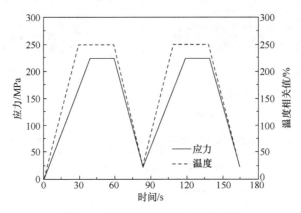

图 6.9　温度超前热机械疲劳载荷谱

2) 温度滞后热机械疲劳载荷谱

机械载荷循环保持不变；升温时间延长 10s，降温时间不变，即升温、保温、降温时间分别为 45s、10s、25s，如图 6.10 所示。

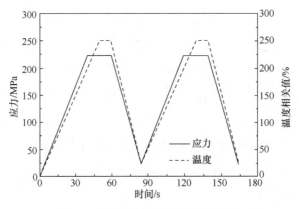

图 6.10　温度滞后热机械疲劳载荷谱

根据如图 6.9 和图 6.10 所示的载荷谱，分别进行单晶涡轮叶片的热机械疲劳数值模拟，得到扰流柱 p3 的最大滑移剪切应变分布及危险节点位置如图 6.11 所示，危险节点的相关参量如表 6.1 所示，危险节点临界滑移系上细观参量随时间的变化如图 6.12 所示。可以看出，对于不同的温度循环，Schmid 应力差别不大，而滑移剪切应变则明显不同，这说明温度循环对单晶涡轮叶片热机械疲劳变形行为的影响主要体现在滑移剪切应变上。

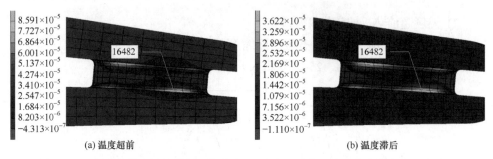

(a) 温度超前　　　　　　　　　　　　　(b) 温度滞后

图 6.11　不同热机械疲劳载荷谱下扰流柱 p3 最大滑移剪切应变分布及危险节点位置

时间=163.889s，载荷步=1600

表 6.1　不同热机械疲劳载荷谱下扰流柱 p3 危险节点相关参量

载荷谱	危险节点	临界滑移系	最高温度/℃	$\pi_{\max}^{\alpha}$/MPa	$\pi_{\min}^{\alpha}$/MPa	$\left\|\dot{\gamma}\right\|_{\max}^{\alpha}$/%	$\Delta\gamma^{\alpha}$/%	计算寿命/循环
超前	16482	oct 10	977	193.37	15.53	7.39×10^{-5}	1.42×10^{-3}	938
滞后	16482	oct 10	977	194.18	16.72	3.86×10^{-5}	5.17×10^{-4}	1658

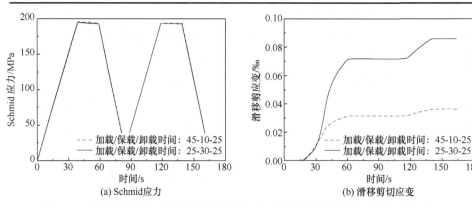

(a) Schmid应力　　　　　　　　　　　　(b) 滑移剪切应变

图 6.12　不同热机械疲劳载荷谱下扰流柱 p3 危险节点临界滑移系细观参量对比

　　通过单晶涡轮叶片在理想同相、温度超前及温度滞后三种热机械疲劳载荷谱下的数值模拟对比可得：

　　(1) 温度超前与理想同相热机械疲劳载荷谱下的计算寿命基本相同，即在一定范围内(≤10s)，循环加载段温度超前于机械载荷对单晶涡轮叶片热机械疲劳寿命影响不显著。

　　(2) 温度滞后比理想同相热机械疲劳载荷谱下的计算寿命增加 80%，即循环加载段温度滞后于机械载荷会引起单晶涡轮叶片热机械疲劳寿命显著增加。

　　(3) 温度的超前、滞后会造成机械载荷峰值的保温时间有所不同，进而引起危险节点临界滑移系上的滑移剪切应变存在明显差异，这是导致上述现象的主要原因。

6.2.2 晶体取向对热机械疲劳寿命的影响

单晶涡轮叶片在铸造时要求[001]取向和叶片的轴向(即叶型积叠线方向)一致。但在叶片制备过程中,受合金性质、工艺条件和铸件结构等因素的影响,[001]取向和叶片轴向往往存在一定的偏角。目前工业上普遍认为叶片轴向与[001]夹角小于12°的叶片为合格产品,而对其余两个材料主轴方向则没有要求[7, 8]。

本节针对可能出现的单晶材料主轴[100]、[010]、[001]与涡轮叶片总体坐标系 x、y、z 轴存在偏角的不同情况,分别进行数值模拟,研究晶体取向对单晶涡轮叶片热机械疲劳变形行为的影响。数值模拟所采用的考核截面模型、载荷及边界条件等与 6.1 节相同,晶体取向通过 Marc 软件中的 Orientations 进行定义。为了便于分析,将材料主轴的偏角简化为如图 6.13 所示的三种情况进行讨论。需要注意的是,镍基单晶高温合金为正交各向异性且沿三个材料主轴的力学性能完全相同,因此晶体坐标系绕任一材料主轴旋转 90°后,其力学行为保持不变。

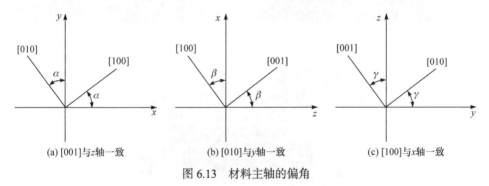

(a) [001]与 z 轴一致   (b) [010]与 y 轴一致   (c) [100]与 x 轴一致

图 6.13 材料主轴的偏角

1) [001]与 z 轴一致的情况

[100]与 x 轴、[010]与 y 轴夹角为 α,如图 6.13(a)所示。α 的取值及材料主轴的单位矢量如表 6.2 所示,不同 α 下扰流柱 p3 的最大滑移剪切应变分布及危险节点位置如图 6.14 所示,危险节点的相关参量如表 6.3 所示。

表 6.2 α 的取值及材料主轴的单位矢量

α 取值/(°)	[100]	[010]	[001]
15	$(0.9659\ \ 0.2588\ \ 0)^T$	$(-0.2588\ \ 0.9659\ \ 0)^T$	$(0\ \ 0\ \ 1)^T$
30	$(\sqrt{3}/2\ \ 1/2\ \ 0)^T$	$(-1/2\ \ \sqrt{3}/2\ \ 0)^T$	$(0\ \ 0\ \ 1)^T$
45	$(1/\sqrt{2}\ \ 1/\sqrt{2}\ \ 0)^T$	$(-1/\sqrt{2}\ \ 1/\sqrt{2}\ \ 0)^T$	$(0\ \ 0\ \ 1)^T$
60	$(1/2\ \ \sqrt{3}/2\ \ 0)^T$	$(-\sqrt{3}/2\ \ 1/2\ \ 0)^T$	$(0\ \ 0\ \ 1)^T$
75	$(0.2588\ \ 0.9659\ \ 0)^T$	$(-0.9659\ \ 0.2588\ \ 0)^T$	$(0\ \ 0\ \ 1)^T$

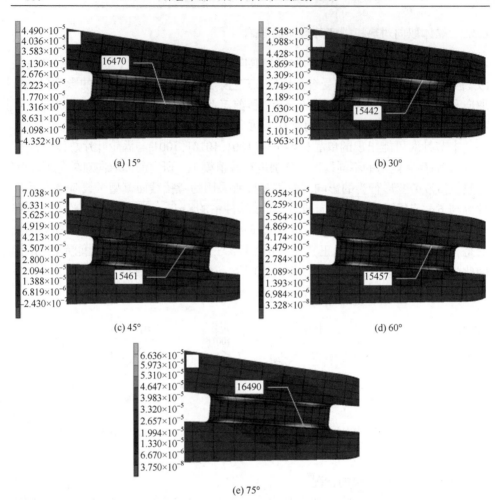

(a) 15°

(b) 30°

(c) 45°

(d) 60°

(e) 75°

图 6.14 不同 α 下扰流柱 p3 最大滑移剪切应变分布及危险节点位置

时间=163.889s, 载荷步=1600

表 6.3 不同 α 下扰流柱 p3 危险节点相关参量

α 取值/(°)	危险节点	临界滑移系	最高温度/℃	π_{max}^{α}/MPa	π_{min}^{α}/MPa	$\left|\dot{\gamma}\right|_{max}^{\alpha}$/%	$\Delta\gamma^{\alpha}$/%	计算寿命/循环
15	16470	oct 10	976	177.12	15.02	4.21×10^{-5}	8.50×10^{-4}	1377
30	15442	oct 6	978	188.94	15.45	5.43×10^{-5}	1.10×10^{-3}	1020
45	15461	oct 6	979	195.20	13.21	7.67×10^{-5}	1.50×10^{-3}	849
60	15457	oct 6	979	199.52	15.43	7.24×10^{-5}	1.45×10^{-3}	788
75	16490	oct 7	978	191.27	12.85	7.11×10^{-5}	1.38×10^{-3}	945

2) [010]与 y 轴一致的情况

[100]与 x 轴、[001]与 z 轴夹角为 β，如图 6.13(b)所示。β 的取值及材料主轴的单位矢量如表 6.4 所示，不同 β 下扰流柱 p3 的最大滑移剪切应变分布及危险节点位置如图 6.15 所示，危险节点的相关参量如表 6.5 所示。

表 6.4　β 的取值及材料主轴的单位矢量

β 取值/(°)	[100]	[010]	[001]
−12	$(0.9781\ \ 0\ \ 0.2079)^T$	$(0\ \ 1\ \ 0)^T$	$(-0.2079\ \ 0\ \ 0.9781)^T$
12	$(0.9781\ \ 0\ \ -0.2079)^T$	$(0\ \ 1\ \ 0)^T$	$(0.2079\ \ 0\ \ 0.9781)^T$

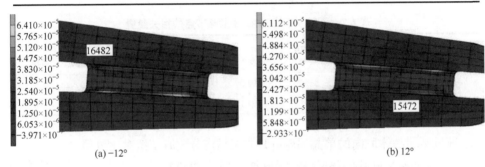

(a) −12°　　　　　　　　　　　　　(b) 12°

图 6.15　不同 β 下扰流柱 p3 最大滑移剪切应变分布及危险节点位置

时间=163.889s，载荷步=1600

表 6.5　不同 β 下扰流柱 p3 危险节点相关参量

β 取值/(°)	危险节点	临界滑移系	最高温度/℃	π_{max}^{α}/MPa	π_{min}^{α}/MPa	$\|\dot{\gamma}\|_{max}^{\alpha}$/%	$\Delta\gamma^{\alpha}$/%	计算寿命/循环
−12	16482	oct 10	977	193.32	13.77	6.58×10^{-5}	1.30×10^{-3}	909
12	15472	oct 9	980	188.16	11.47	6.03×10^{-5}	1.16×10^{-3}	1034

3) [100]与 x 轴一致的情况

[001]与 z 轴、[010]与 y 轴夹角为 γ，如图 6.13(c)所示。γ 的取值及材料主轴的单位矢量如表 6.6 所示，不同 γ 下扰流柱 p3 的最大滑移剪切应变分布及危险节点位置如图 6.16 所示，危险节点的相关参量如表 6.7 所示。

表 6.6　γ 的取值及材料主轴的单位矢量

γ 取值/(°)	[100]	[010]	[001]
−12	$(1\ \ 0\ \ 0)^T$	$(0\ \ 0.9781\ \ -0.2079)^T$	$(0\ \ 0.2079\ \ 0.9781)^T$
12	$(1\ \ 0\ \ 0)^T$	$(0\ \ 0.9781\ \ 0.2079)^T$	$(0\ \ -0.2079\ \ 0.9781)^T$

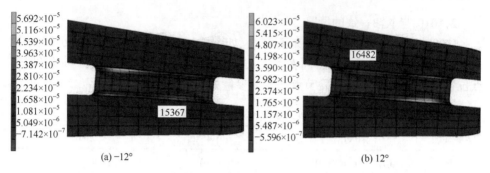

(a) −12°　　　　　　　　　　　　　　　(b) 12°

图 6.16　不同 γ 下扰流柱 p3 最大滑移剪切应变分布及危险节点位置

时间=163.889s，载荷步=1600

表 6.7　不同 γ 下扰流柱 p3 危险节点的相关参量

γ 取值/(°)	危险节点	临界滑移系	最高温度/℃	π^α_{max}/MPa	π^α_{min}/MPa	$\left.\dot{\gamma}^\alpha\right|_{max}$/%	$\Delta\gamma^\alpha$/%	计算寿命/循环
−12	15367	oct 4	974	192.05	15.98	5.58×10^{-5}	1.11×10^{-3}	978
12	16482	oct 10	977	194.16	15.73	6.07×10^{-5}	1.22×10^{-3}	910

通过不同晶体取向的单晶涡轮叶片热机械疲劳数值模拟对比可得：

(1) 单晶涡轮叶片的热机械疲劳寿命、危险节点位置及临界滑移系等与晶体取向密切相关，但其危险点仍位于考核截面尾缘的扰流柱 p3 倒角处。

(2) 在[100]和[010]取向存在偏角时，单晶涡轮叶片热机械疲劳寿命最小值为最大值的 57%，即非择优取向的偏角可能会导致叶片热机械疲劳寿命明显下降，且最小寿命出现在偏角为 60°时。

(3) 在[001]取向存在偏角时，单晶涡轮叶片热机械疲劳寿命最小值为最大值的 88%，即当择优取向的偏角小于 12°时叶片热机械疲劳寿命变化并不明显。

(4) 晶体取向对单晶涡轮叶片热机械疲劳寿命的影响主要是由于偏角的存在会改变在涡轮叶片总体坐标系下的刚度矩阵和滑移系矢量，导致滑移系 Schmid 应力、non-Schmid 应力、Takeuchi-Kuramoto 应力以及滑移剪切应变等发生变化，进而引起危险节点和临界滑移的改变。

6.3　本章小结

本章首先对某型单晶涡轮叶片的热机械疲劳行为进行了数值模拟，确定了叶片的危险点，并采用基于循环累积损伤及应力集中系数修正的寿命预测方法预测了叶片寿命；然后针对试验过程中可能出现的循环加载段温度超前或滞后于机械载荷的典型情况，研究了温度循环对单晶涡轮叶片热机械疲劳寿命的影响规律，结果表明温度超前对寿命影响不大，而温度滞后则会引起寿命的显著增加，为单晶涡轮叶片疲劳寿命试验提供了指导；最后针对可能出现的单晶材料主轴与涡轮叶片总体坐标系存在偏角的情况，研究了晶体取向对单晶涡轮叶片热机械疲劳寿命的影响规律，结果表明单晶涡轮叶片热机械疲劳寿命呈现明显的晶体取向相关性，由择优取向[001]的偏角所引起的叶片热机械疲劳寿命变化不大，而非择优取向[100]和[010]的偏角则会引起寿命的明显下降，为单晶涡轮叶片设计提供了指导。本章的研究方法可以推广应用于服役载荷/环境下单晶涡轮叶片，建立服役循环与试验循环的等效关系，为单晶涡轮叶片服役寿命评估提供支持。

参 考 文 献

[1] 荆甫雷, 王荣桥, 胡殿印, 等. 一种单晶涡轮叶片热机械疲劳寿命评估方法. 航空动力学报, 2016, 31(2):299-306.

[2] Wang R, Jing F, Hu D. In-phase thermal-mechanical fatigue investigation on hollow single crystal turbine blades. Chinese Journal of Aeronautics, 2013, 26(6): 1409-1414.

[3] Wang R, Jiang K, Jing F, et al. Thermomechanical fatigue investigation on a single crystal nickel superalloy turbine blade. Engineering Failure Analysis, 2016, 66(8): 284-295.

[4] Wang R, Zhang B, Hu D, et al. A critical-plane-based thermomechanical fatigue lifetime prediction model and its application in nickel-based single crystal turbine blades. Materials at High Temperatures, 2019, 36: 325-334.

[5] 王荣桥, 荆甫雷, 胡殿印. 单晶涡轮叶片热机械疲劳试验技术. 航空动力学报, 2013, 28(2): 252-258.

[6] 王荣桥, 荆甫雷, 侯贵仓, 等. 一种空心气冷涡轮叶片热机械疲劳试验系统: 中国, 201110460131. 4. 2011.

[7] 赵新宝, 高斯峰, 杨初斌, 等. 镍基单晶高温合金晶体取向的选择及其控制. 中国材料进展, 2013, 32(1): 24-38.

[8] 赵新宝, 刘林, 张卫国, 等. 单晶高温合金晶体取向的研究进展. 材料导报, 2007, 21(10): 62-66.